现代防水工

技术手册

XIANDAI FANGSHUIGONG JISHU SHOUCE

王志鸿 编著

中国建材工业出版社

图书在版编目（CIP）数据

现代防水工技术手册 / 王志鸿编著 . -- 北京 : 中国建材工业出版社 , 2016.3 (2025.1重印)

ISBN 978-7-5160-1357-1

Ⅰ . ①现… Ⅱ . ①王… Ⅲ . ①建筑防水－工程施工－技术手册 Ⅳ . ① TU761.1-62

中国版本图书馆 CIP 数据核字 (2015) 第 322138 号

内 容 简 介

本书是一本简明、实用的防水工基础读物。根据防水工职业操作技能要求，结合施工现场的实际需要，介绍了防水工的基本知识和工作要求。本书技术内容新颖、实用，文字通俗易懂，语言生动，并辅以大量直观的图表，能满足不同文化层次的技术工人和读者的需要，可作为建筑业农民工职业技能培训教材，也可供建筑工人自学以及高职、中职学生参考使用。

出版发行：中国建材工业出版社

地　　址：北京市西城区白纸坊东街2号院6号楼

邮　　编：100044

经　　销：全国各地新华书店

印　　刷：三河市南阳印刷有限公司

开　　本：910mm × 1280mm　1/32

印　　张：7

字　　数：173 千字

版　　次：2016 年 3 月第 1 版

印　　次：2025 年 1 月第 2 次印刷

定　　价：49.80 元

本社网址：www.jccbs.com.cn　微信公众号：zgjcgycbs

前言

随着建筑业的迅猛发展，防水工程越来越受到人们的重视。防水工程的质量影响着建筑物和构筑物在合理的设计耐用年限内应有的功能，进而影响着人们的生产生活和工作。当前，防水工程施工质量让人担忧，房屋出现渗漏问题之后，不得不花费大量的人力、物力和财力来修缮。渗漏的发生，既和防水材料的质量、防水构造的设计有关，又和防水施工人员的技术素质有关。目前，许多防水施工队伍技术素养有待提高。为了便于提高防水工的技术素养，使其不断提高和完善自己、与时俱进，从而确保防水工程施工质量，争取使我国的建筑施工项目实现“无渗漏施工”的目标，我们特编写此书。

本书根据现行的国家标准《屋面工程技术规范》（GB50345—2012）、《屋面工程质量验收规范》（GB50207—2012）、《地下工程防水技术规范》（GB50108—2008）、《地下防水工程质量验收规范》（GB 50208—2011）等编写而成。在编写时充分考虑了建筑施工人员的知识需求，注重实用性和可操作性，行文通俗易懂，简明扼要，并辅以大量直观的图表。

全书共分七章，在内容的衔接上循序渐进，首先介绍的是防水工程理论常识概述、防水施工基本理论和技能、防水材料等知识，然后具体地讲述屋面、外墙、地下工程、厨卫等主要建筑部位的防水施工技术。在内容的选用上，尽可能将新技术、新工艺、新材料作为重点。

本书可作为施工员或防水专业人员的培训教材和自学参考书，也可作为高职高专、成人教育土建类专业及相关专业教材。

限于时间和编者水平有限，难免存在疏漏或不足之处，欢迎读者提出宝贵意见和建议。

编者

2016年2月

目录

第一章 防水工程理论常识概述 …… 001

第一节 防水工程发展基础知识 …… 001
第二节 建筑构造认知 …… 010
第三节 防水工职业要求 …… 015

第二章 防水施工基本理论和技能 …… 019

第一节 防水施工基本识图 …… 019
第二节 防水施工工具的使用 …… 036
第三节 防水施工程序 …… 043

第三章 防水材料 …… 049

第一节 防水材料概述 …… 049
第二节 防水卷材 …… 053
第三节 防水涂料 …… 071
第四节 刚性防水材料 …… 075
第五节 密封材料 …… 079
第六节 沥青材料 …… 083
第七节 堵漏止水材料 …… 087

第四章 屋面工程防水施工技术 …… 093

第一节 屋面卷材防水施工 …… 093
第二节 屋面涂膜防水施工 …… 125
第三节 屋面刚性防水施工 …… 137
第四节 瓦屋面防水施工 …… 143

第五章 外墙防水施工技术 …… 147

第一节 外墙有机硅防水涂料 …… 147
第二节 外墙饰面防水施工 …… 149
第三节 建筑外墙各节点防水构造与防水施工 …… 155
第四节 外墙面涂刷保护性防水涂料施工 …… 163
第五节 外墙拼接缝密封防水施工 …… 164

第六章 地下工程防水施工技术 …… 167

第一节 地下卷材防水施工 …… 167
第二节 地下涂膜层防水施工 …… 173
第三节 地下混凝土防水施工 …… 185
第四节 水泥砂浆防水层施工 …… 192
第五节 地下特殊工法防水施工 …… 206

第七章 厨卫防水施工技术 …… 210

第一节 节点施工 …… 210
第二节 厨卫地面防水层施工 …… 212

第一章　防水工程理论常识概述

第一节　防水工程发展基础知识

一、防水工程的基本概念

防水工程指的是，为了避免地表水（雨水）、地下水、滞水、毛细管水或者人为因素造成的水文地质改变而导致的水渗进建筑物、构筑物，或蓄水工程往外渗出，建筑物内部相互止水所实施的一系列建筑、结构与构造措施的统称。作为工程施工技术的一个重要组成部分，防水工程施工具有保证建筑物与构筑物不被侵蚀、避免内部空间相互危害的作用。

想要实现防水工程的设计目的，充分利用防水材料的性能，保证防水工程的质量，使防水工程经久耐用，施工时就一定要做到准确、精细。防水工程施工对整个防水工程的质量来说具有决定性意义，它的好坏直接影响着防水工程的好坏，进而影响着建筑物和构筑物在合理的设计耐用年限内应有的功能，影响着人们的生产生活和工作。严重的渗漏将威胁建筑寿命，会造成严重的经济损失。因此，应加大施工管理力度，进行施工时要做到精心，确保实现工程设计的初始意图以及提高防水工程质量、缩短工期、提高效益。

二、防水工程的分类

可以按不同的分类方式对防水工程进行分类，通常是按所采用的措施和方式的不同，将其分为材料防水、构造防水两种。

1. 材料防水

材料防水指的是利用防水材料通过施工形成一个封闭的防水层，将水的通路阻断，来实现防水的目的或提高抗渗漏的性能。

根据所使用的防水材料的不同，又可以将材料防水分为柔性防水与刚性防水两种。柔性防水包括卷材防水与涂膜防水。不管是卷材防水，还是涂膜防水，所使用的都是柔性防水材料，通常有多种防水卷材与防水涂料，通过施工把它们铺贴或者涂布于防水工程的迎水面来实现防水的目的。刚性防水主要指的是混凝土防水，所使用的材料通常有普通细石混凝土、补偿收缩混凝土以及块体刚性材料等，混凝土防水是通过增强混凝土的密实性和采用构造措施来实现防水的目的。

2. 构造防水

构造防水指的是通过采取正确、合理的构造形式与构造措施将水的通路阻断，进而使水无法侵入室内。如在各种部位、构件和各类接缝之间设置的变形缝、温度缝，另外节点细部构造的防水措施均属于构造防水。构造防水的基本做法如下：

（1）平屋面工程进行块体刚性防水或混凝土防水时，除依靠基面的坡度进行排水外，还设置分格缝于防水面层，而在节点构造的所有部位都会设置变形缝，并嵌填密封材料、铺设柔性防水材料在全部的缝间，这样将避免因为基层结构应力和温度应力造成结构层变形，进而产生裂缝所导致的渗漏。

（2）大型墙板的板缝所采用的空腔防水也是一种常见的防水处理

手段。空腔防水通常设置的构造形式有垂直缝、滴水水平缝、企口平缝等。

（3）地下室变形缝的防水处理，通常根据水压的高低、是否受侵蚀以及经受高温的条件，采用各种填（嵌）缝材料或者橡胶、塑料、紫铜板或不锈钢板制成的止水带，形成可以适应沉降、伸缩的构造，来实现防水的目的。

三、防水等级和要求

1. 屋面工程防水等级与设防要求

屋面工程要根据建筑物的类别、重要程度、使用功能要求和防水层的合理使用年限，分为不同的等级来设防，要符合表 1–1 的要求。

表 1–1 屋面工程防水等级与设防要求

项目	屋面防水等级			
	Ⅰ	Ⅱ	Ⅲ	Ⅳ
建筑物类型	特别重要或对防水有特殊要求的建筑	重要的建筑和高层建筑	一般建筑	非永久性建筑
防水层合理使用年限	25 年	15 年	10 年	5 年
防水层选用材料	宜选用合成高分子防水卷材、高聚物改性沥青防水卷材、金属板材、合成高分子防水涂料、细石混凝土等材料	宜选用高聚物改性沥青防水卷材、合成高分子防水卷材、金属板材、合成高分子防水涂料、细石混凝土、平瓦、油毡瓦等材料	宜选用三毡四油沥青防水卷材、高聚物改性沥青防水卷材、合成高分子防水卷材、金属板材、高聚物改性沥青防水涂料、合成高分子防水涂料、细石混凝土、平瓦、油毡瓦等材料	可选用二毡三油沥青防水卷材、高聚物改性沥青防水涂料等材料
设防要求	三道或三道以上防水设防	两道防水设防	一道防水设防	一道防水设防

2. 地下防水工程防水等级与设防要求

（1）防水等级。总结国内工程调查资料，参考国外相关数据，根据地下工程不同要求以及我国地下工程的切实情况，以渗漏水量的多少，把地下工程划分成 4 个等级，各等级防水标准见表 1–2。

表 1–2　地下工程防水等级标准

防水等级	防水标准	适用范围
一级	不允许渗水，结构表面无湿渍	人员长期停留的场所；因有少量湿渍影响设备正常运转和危及工程安全运营的部位；极重要的战备工程、地铁车站
二级	房屋建筑地下工程：总湿渍面积不应大于总防水面积（包括顶板、端面、地面）的 1/1000；任意 100m² 防水面积上的湿渍不超过 2 处，单个湿渍的最大面积不大于 0.1 m²。 其他地下工程：总湿渍面积不应大于总防水面积的 2/1000；任意 100m²，砂防水面积上的湿渍不超过 3 处，单个湿渍的最大面积不大于 0.2m²；其中，隧道工程平均渗水量不大于 0.05L/(m²·d)，任意 100m² 防水面积上的渗水量不大于 0.15L/(m²·d)	人员经常活动的场所；在有少量湿渍的情况下不会使物品变质、失效的贮物场所及基本不影响设备正常运转和工程安全运营的部位；重要的战备工程
三级	任意 100m² 防水面积上的漏水或湿渍点数不超过 7 处，单个漏水点的最大漏水量不大于 2.51L/d，单个湿渍的最大面积不大于 0.3 m²	人员临时活动的场所；一般战备工程
四级	有漏水点，不得有线流和漏泥砂。整个工程平均漏水量不大于 2L/(m²·d)；任意 100m² 防水面积上的平均漏水量不大于 4L/(m²·d)	对渗漏水无严格要求的工程

（2）防水设防要求。

①明挖法地下工程防水设防应根据表 1–3 的要求选用；暗挖法地下工程防水设防应根据表 1–4 的要求选用。

表 1-3 明挖法地下工程防水设防

工程部位		主体结构							施工缝							后浇带				变形缝（诱导缝）				
防水措施		防水混凝土	防水卷材	防水涂料	塑料防水板	膨润土防水材料	防水砂浆	金属板	遇水膨胀止水条（胶）	外贴式止水带	中贴式止水带	外抹防水砂浆	外涂防水涂料	水泥基渗透结晶型防水涂料	预埋注浆管	补偿收缩混凝土	外贴式止水带	预埋注浆管	遇水膨胀止水条（胶）	中埋式止水带	可卸式止水带	防水密封材料	外贴防水卷材	外涂防水涂料
防水等级	一级	应选	应选一种至二种						应选二种							应选	应选二种			应选	应选二种			
	二级	应选	应选一种						应选一种至二种							应选	应选一种至二种			应选	应选一种至二种			
	三级	应选	宜选一种						宜选一种至二种							应选	宜选一种至二种			应选	宜选一种至二种			
	四级	应选	—						宜选一种							应选	宜选一种			应选	宜选一种			

表1-4 暗挖法地下工程防水设防

工程部位		衬砌结构							内衬砌施工缝						内衬砌变形缝、诱导缝			
防水措施		防水混凝土	防水卷材	防水涂料	塑料防水板	膨润土防水材料	防水砂浆	金属板	外贴式止水带	预埋注浆管	遇水膨胀止水条（胶）	防水密封材料	中埋式止水带	水泥基渗透结晶型防水材料	中埋式止水带	外贴式止水带	可卸式止水带	防水密封材料
防水等级	一级	必选	应选一种至三种						应选一种至二种						应选	应选一种至二种		
	二级	应选	应选一种						应选一种						应选	应选一种		
	三级	宜选	宜选一种						宜选一种						应选	宜选一种		
	四级	宜选	宜选一种						宜选一种						应选	宜选一种		

②处在侵蚀性介质里的工程，应选用防水混凝土、防水砂浆、防水卷材或者防水涂料等耐侵蚀的防水材料。

③地下工程处在冻融侵蚀的环境中，其混凝土抗冻融循环至少应有300次。

④受振动作用或结构刚度比较差的工程，应该选用延伸率比较大的柔性防水材料，如卷材、涂料等。

3. 建筑外墙防水等级与设防要求

外墙饰面防水工程构造做法要按建筑物的类别、使用功能、外墙墙体材料、外墙高度以及外墙饰面材料等因素划分成三级，应根据等级进行选材和设防。外墙饰面的防水等级与设防要求如表 1–5 所示。

表 1–5　外墙饰面的防水等级与设防要求

项目	防水等级		
	Ⅰ	Ⅱ	Ⅲ
外墙类别	特别重要的建筑或外墙面高度超过 60m，或墙体为空心砖、轻质砖、多孔材料，或面砖有较高要求的饰面材料	重要的建筑物或外墙面高度为 20~60m，或墙体为实心砖或陶、瓷粒砖等饰面材料	一般建筑物或外墙面高度为 20m 以下，或墙体为钢筋混凝土，或水泥砂浆类饰面
设防要求	防水砂浆厚 20mm 或聚合物水泥砂浆厚 7mm	防水砂浆厚 15mm 或聚合物水泥砂浆厚 5mm	防水砂浆厚 10mm 或聚合物水泥砂浆厚 3mm

4. 防水构造要求

（1）板缝处理。选用装配式钢筋混凝土板做结构层时，应该用强度等级最低应为 C20 的细石混凝土把板缝灌填密实。当板缝宽度超过 40mm 或下宽上窄时，应放置构造钢筋在板缝中。对板端缝采用密封处理。

注：没有保温层的屋面，板侧缝也应该采用密封处理。

（2）找平层设置。卷材、涂膜防水层的基层应设置找平层，找平层厚度与技术要求如表1-6所示。找平层应该留设分格缝，缝宽在5～20mm之间，纵横缝的间距应小于6mm，分格缝内应嵌填密封材料。

表1-6 找平层厚度与技术要求

类别	基层种类	厚度/mm	技术要求
水泥砂浆找平层	整体现浇混凝土	15~20	1∶25~1∶3（水泥∶砂）体积比，宜掺抗裂纤维
	整体或板状材料保温层	20~25	
	装配式混凝土板	20~30	
细石混凝土找平层	板状材料保温层	30~35	混凝土强度等级C20
混凝土随浇随抹	整体现浇混凝土	—	原浆表面抹平、压光

（3）坡度要求。

①单坡跨度超过9m的屋面应该做结构找坡，坡度应大于3%。

②用材料找坡时，可以选用保温层或轻质材料找坡，坡度应为2%。

③天沟、檐沟纵向坡度应大于1%，沟底水平落差应小于200mm；天沟、檐沟排水要避开变形缝与防火墙。

（4）隔离层设置。卷材、涂膜防水层上铺设水泥砂浆、细石混凝土或设置块体材料时，在两者之间应该铺设隔离层，在细石混凝土防水层和结构层之间也应该铺设隔离层。

干铺塑料膜、土工布或卷材可用来铺设隔离层，低强度等级的砂浆也可采用。

（5）隔汽层设置。纬度高于 40° 的北部地区，其室内的空气湿度超过 75%，或室内空气湿度常年超过 80%的其他地区，如果设置的保温层所采用的保温材料是吸湿性的，做隔汽层所采用的防水卷材或防水涂料要具有良好的水密性和气密性。

隔汽层应顺着墙面往上铺设，并和屋面的防水层连为一体，形成一个全封闭结构。

（6）保护层设置。柔性防水层上应该设保护层，可选用水泥砂浆、细石混凝土或浅色涂料、块体材料、铝箔、粒砂等材料；用水泥砂浆、细石混凝土做保护层时要设分格缝。

倒置式屋面、架空屋面的柔性防水层上可以不设置保护层。

（7）防水材料使用。选用多种防水材料时，要严格按照下列规定：

①合成高分子涂膜或合成高分子卷材的上部，不可以使用涂料或热熔型卷材。

②同时采用涂膜和卷材时，涂膜应该放在下部。

③卷材、涂膜和刚性材料一起使用时，柔性材料应该设置在刚性材料的下部。

④热熔型改性沥青涂料与反应型涂料，可与铺贴材性相容的卷材胶粘剂同时使用。

（8）高低跨屋面设计。

①对高低跨变形缝处进行防水处理时，应使用变形能力良好的材料和构造设置。

②高跨屋面是无组织排水时，其低跨屋面受到水冲刷的地方，要多铺一层卷材附加层，并在上面铺设 300 ~ 500mm 宽的 C20 混凝土板以增强保护。

③高跨屋面采用有组织排水时，水落管下要加设水簸箕。

第二节　建筑构造认知

一、建筑物主要构造

1. 基础构造

基础是整个建筑物中不可缺少的部分，它在为建筑物承载着来自地面以上的全部压力的同时，也将这些压力连同它自身的重力传递给下面的地基。基础的要求标准很高，不仅要具有适宜的强度、刚度和耐久性，而且技术要合理，并减少材料的浪费，最终实现良好的经济效益。

根据基础构造形式的不同，现将其分为独立基础、筏式基础、板式基础、条形基础、箱形基础、桩基础等类型。

通常把室外设计地坪和基础底面之间的垂直距离称为基础埋深。由于建筑物的坚固性、耐久性、安全使用、工程成本、工期、材料消耗等易在基础埋深大小的作用下发生变化，因此确定基础埋深时需充分考虑到荷载的大小、地基的情况、地下水位的高低以及相邻建筑物的基础埋深等相关因素。

（1）墙体的作用。墙体的主要作用是承载来自屋顶、楼板、大梁、自重、风和地震力等方面的压力。根据所起作用的不同，将墙体分为承重外墙和承重内墙两类，其中承重外墙起围护作用，承重内墙起分隔作用。

（2）墙体的承重形式。横墙承重、纵墙承重、纵横墙混合承重和墙与柱混合承重是主要的墙体承重形式，它们一般按照不同的需求进行设计和确定。

（3）墙体的细部构造。墙体细部构造的主要部件有勒脚、窗台、过梁、钢筋混凝土圈梁和构造柱、变形缝、挑檐（或女儿墙），以及烟道、通风道、垃圾道等。

（4）墙体的抗震措施。砖砌房屋墙体通常用圈梁和构造柱来进行抗震。在墙身上设置的水平连续封闭梁即圈梁，它主要用于增强建筑物的整体性和空间刚度，能应对房屋的不均匀沉降，提高建筑物的抗震性能。

构造柱是一种竖直的构件，与圈梁构成一个骨架，不仅使房屋的刚性和刚度得到提高，还增强了建筑物的抗震性。

构造柱和墙体合二为一的条件是将墙砌成五进五退的马牙槎，要求退、进各 60mm，同时沿墙高在每隔 500mm（约八皮砖）的地方设置 2 根直径为 6mm 的拉结钢筋，该拉结钢筋每边伸入墙内的长度要高于 1000mm。虽然单独基础不要求构造柱的存在，但它必须在墙基础中得到使用。

2. 砌体结构的屋顶构造

平屋顶和坡屋顶是砌体结构屋顶的两种主要形式。钢筋混凝土屋面板经常在平屋顶上做防水层使用，把不同的瓦挂在屋架上进行防雨的做法多出现在坡屋顶上。

二、屋面构造层次

1. 结构层

屋面板结构层、找坡层和找平层是屋面结构层的三种形式。

（1）结构层。结构层在屋盖系统中占据重要地位，不仅是因为它承担着来自屋盖上方的全部压力，还因为它的强度和刚度关系着屋盖的使用安全，它的质量关系到防水层和其他层次的质量。通常根据结构设计来确定结构层。在平屋面结构层，随着装配式结构的淘汰，由现浇钢筋混凝土和装配式钢筋混凝土构成的钢筋混凝土大量兴起。此外，钢空间结构、桁架装配式大型预应力屋面板、预应力多孔板结构等已经为数不多，而木结构也很少被采用了。金属屋面作为一种新型屋面，在大跨度和大型的公共建筑中被普遍用来充当结构板和防水层。大块玻璃板屋面有很大的发展潜力。刚度大，挠度小，变形就小，防水层受它的拉伸变形也小，可以说，由结构板面刚度和温差收缩变形造成的伸缩是目前防水层存在的最大难题。

工程可以通过增强结构板面刚度、合理设计变形缝和减少屋面荷载来保护防水层。

现浇钢筋混凝土结构在坡结构层屋面得到了广泛应用，但在进行现浇作业时，由于混凝土流动的不稳定性，很难保证混凝土的密实度。

装配式结构板屋面整体性和刚度提高的关键步骤是：用微膨胀细石混凝土填补板缝，或配制钢筋，亦可再浇一层配筋细石混凝土。

（2）找坡层。要想确保屋面能够通畅地排水，不会存在滞水和积水现象，要把屋面做成一定的坡度。在以前，平屋面如果要求室内顶棚水平，就必须而且只能在屋面上垫出坡度。找坡层常用的材料包括炉渣（焦渣）、白灰炉渣、保温材料等，但这些材料因为容重大、吸水率高而被逐渐淘汰，棘手的是目前又没有找到容重小、吸水率低、价格低的找坡材料，这是设计上的一个大难题。如果材料的容重大，就会大大增加屋盖的负荷，造成结构造价的提高；如果材料的吸水率大，一旦在施工期间遇到雨水天气，或施工用水侵入材料中，上部做了防水层，水不能蒸发掉，当温度上升时，水就会变成汽，导致防水层出现鼓泡，进而造成防水层被拉伸或遭到破坏。找坡层材料的数量大，造价就会提高，从而提出了结构找坡的方案：如果顶棚有吊顶或不要求必须水平，就把结构板做成一定坡度，这种做法不仅省工省料，还能使结构荷载得以减轻，并确保屋面排水的通畅。所以，在设计时必须把结构找坡放在首位。

（3）找平层。找平层的前提条件是结构层的表面不够平坦、光滑。防水层紧紧依靠着找平层，如果找平层出现强度低、刚度不足、表面不够完整、起砂、起皮、蜂窝、麻面、气孔、裂纹、不平整、不干净、不干燥等现象，防水层就会遭到损坏而发生渗漏。尽管防水层因为性能不同对找平层的要求不尽相同，但找平层的共性是必须具备一定强度、平整度和干净度。在防水层施工期间找平层表面起砂、起皮或出现蜂窝、麻面、气孔、裂纹时，确保防水层质量的重要措施是利用聚合物水泥砂浆或聚合物水泥砂浆对找平层进行涂刮。

2. 防水层

覆盖整个屋面（包括女儿墙压顶）的防水层是屋盖系统的重要组成部分，主要用于结构层和室内的防水，优点是抗渗、耐老化和耐外力损害能力强。防水层在设计使用前必须充分考虑地区气温、屋面形式和防水层的使用功能。

防水层不单单是表面意义上的防水材料，它还可以用来填实结构基层、毛细孔和微细裂纹，并能与基层黏结牢固，克服基层变形的影响，抵御外力的老化和穿刺。防水层的制作通常是根据材料的特点完成的。

正置式屋面的内涵是：把防水层放在保温层上，以保护保温层功能的正常使用。倒置式屋面的内涵是：把吸水率低、闭孔的保温材料放在防水层上，以保护防水层不受损害，并延长防水层的使用寿命。

天沟、水落口、变形缝、女儿墙、压顶、收头、伸出屋面管道、天窗等细部构造或节点是防水设计最为关键的一环。这些部位在建筑屋面平面复杂多变，变形较多，易出现应力集中现象，容易发生损坏，工程中通常采取适应变形的构造设计和采用防水材料密封、增强附加层来进行相关处理。由于其具有局部、零星、量小的特点，人们经常会将其忽略；因为处理的时候用材的种类多，工序多，时间长，施工的技术要求高，故很难达到规范的标准；另外，存在所处部位施工面狭小、基面不易完善等问题使施工难度进一步加大。因此，必须予以高度重视。

3. 保温隔热层

（1）保温层。绝热是保温和隔热的统称。保温和隔热都对热量传导进行阻绝，不同的是，保温阻止热量向外传导，隔热阻止热量向内传导。在过去，受地域环境影响，南方夏季炎热要求隔热，北方冬季寒冷要求保温。近年来，随着社会进步与经济发展，人们对生活品质的要求越来越高，人工降温和取暖的现象屡见不鲜。在夏季，通过人工降温实现了隔热；在冬季，屋面及墙体因为设置了保温层，起到了保温作用。这为人们活动场所的舒适性提供了保障。

对于正置式屋面，为了确保保温层质量，可以采用导热系数小、密度合适和吸水率较小的保温材料，并保证保温材料埋在防水层下面后不被水侵入。吸水率关系到保温性能，保温材料吸水率的提高将会极大地降低保温性能，含水率每次提高 20%，保温性能就会降低一半。

对于倒置式屋面，为了确保保温功能，使防水层避免受热度、紫外线、风雨和冰雪侵害而老化，一定要采用吸水率低的保温材料，把保护层设置在保温层上。

（2）隔汽层。对于正置式屋面，为确保保温层的使用功能，应将保温层埋在防水层下，防止雨水的渗入。但如果保温材料是开孔吸水的，就会损坏保温层性能，这是因为室内有湿度高的空气通过结构板毛细孔渗透到保温层中，形成冷凝水，增大了保温层的含水率。所以，北纬 40° 以北，并且室内的空气湿度超过 75%，或其他室内的空气湿度常年超过 80% 的地区应在保温层下设置隔汽层。隔汽层可以采用沥青涂料、防水卷材等气密性和水密性都好的材料。

3. 保护层

屋面不是上人屋面的情况下，通常是不允许有人上去活动的。但为免受紫外线照射和雨水侵蚀，必须采取措施保护防水层和保温层。根据屋面使用功能的不同，通常将其分为三类：持力层、装饰层和排（蓄）水层。

（1）持力层。持力层屋面广泛应用在人们的生活和娱乐场所。为避免损害防水层和保温层，这种屋面的防水层必须参照地面标准展开设计，选用具有耐穿刺和耐磨性能、强度大的刚性材料，并将一定厚度的细石混凝土和钢筋混凝土层设置在防水层或保温层上。

（2）装饰层。铺砌装饰层的材料有面砖、地砖、大理石、橡胶制品等，主要目的是令使用场地和建筑第五立面（指顶面）美观，美化城市环境。

（3）排（蓄）水层。因为持力层和装饰层主要的使用功能不是防水，因此为了排掉防水层或保温层上的水，必须在持力层下面设置泄水层。对于种植绿化屋面的土层，设置排水层既能及时排除多余的水，又可储存部分水供植物吸收。

第三节　防水工职业要求

一、初级工职业要求

1. 基本要求

（1）职业道德。主要是职业道德基本要求和职业守则。

（2）基础知识。主要内容包括识图知识和房屋构造基本知识、常用防水材料知识、常用工具和机械知识、卷材防水施工知识、涂膜防水施工知识、防水工程渗漏防治知识、安全生产知识、相关法律知识等。

2. 工作要求

初级工的工作要求见表 1–7。

表 1–7　初级工工作要求

职业功能	工作内容	技能要求	相关知识
一、卷材防水层施工	（一）工前准备	1. 能识读卷材施工技术交底 2. 能选用聚合物改性沥青卷材、自粘防水卷材铺贴工具 3. 能进行材料准备	1. 卷材施工手工工具的种类和用途 2. 常用聚合物改性沥青卷材、自粘防水卷材的品种、储存知识

续表

一、卷材防水层施工	（二）基层处理	1. 能清扫防水基层 2. 能滚刷涂布基层处理剂	防水施工对基层处理的知识
	（三）卷材铺贴	1. 能铺设高聚合物改性沥青防水卷材 2. 能铺设自粘防水卷材	卷材铺贴的顺序、方法和质量要求
	（四）检查修补	能对防水卷材破损部位进行修补	防水卷材的修补知识
二、涂膜防水层施工	（一）工前准备	1. 能识读涂料施工技术交底 2. 能选用防潮层、基层处理剂的涂布工具 3. 能搬运、现场存放所用防水涂料	1. 防潮层、基层处理剂涂布工具的种类和用途 2. 常用防水涂料的储存知识
	（二）基层处理	1. 能清理防水基层 2. 能用毛刷涂刷基层处理剂	防水施工对基层处理的知识
	（三）涂膜施工	1. 能涂刷防潮层 2. 能配制（按配合比）和涂布防水涂料	1. 防潮层施工方法和质量要求 2. 防水涂膜施工方法和质量要求
	（四）检查修补	1. 能检查涂膜防水层的厚度 2. 能检查防潮层、基层处理剂覆盖质量	防潮层、基层处理剂质量标准
三、刚性防水层施工	（一）工前准备	1. 能识读刚性材料施工技术交底 2. 能选择抹压水泥防水砂浆防水层的涂、抹工具 3. 能搬运、现场存放刚性防水材料	1. 水泥防水砂浆防水层施工手工工具的种类和用途 2. 常用刚性防水材料的储存知识
	（二）基层处理	1. 能清理基层 2. 能洒水湿润基层	刚性防水层施工对基层处理的知识
	（三）涂抹防水层	1. 能用抹子抹压掺外加剂水泥防水砂浆 2. 能用棕刷涂刷水泥基渗透结晶型防水涂料	水泥防水砂浆和水泥基渗透结晶型防水涂料防水层的施工顺序、方法和质量要求

续表

三、刚性防水层施工	（四）检查修补	1. 能检查水泥防水砂浆和水泥基渗透结晶型防水涂料防水层的厚度 2. 能对水泥防水砂浆和水泥基渗透结晶型防水涂料防水层进行蓄水或淋水试验	刚性防水层的养护知识与蓄水、淋水知识

二、中级工职业要求

1. 基本要求

同初级工。

2. 工作要求

中级工的工作要求见表 1–8。

表 1–8　中级工工作要求

职业功能	工作内容	技能要求	相关知识
一、卷材防水层施工	（一）工前准备	1. 能识读卷材防水构造的图示和图例 2. 能测量所用防水卷材的规格尺寸 3. 能进行场地设备、施工工具的安全检查	1. 建筑识图知识 2. 卷材防水施工安全操作知识
	（二）基层处理	1. 能检查防水基层含水率 2. 能对细部构造进行基层处理	防水基层检查含水率的方法
	（三）卷材铺贴	1. 能用冷粘法、热熔法或自粘法铺设防水卷材 2. 能对细部构造进行防水层处理 3. 能用冷粘法铺设高分子防水卷材	各种防水卷材铺贴施工的顺序、方法和质量要求

续表

一、卷材防水层施工	（四）检查修补	1.能自检防水工程质量 2.能做好防水工程成品的保护工作 3.能对卷材防水层进行蓄水或淋水试验	卷材防水工程质量标准与蓄水、淋水知识
二、涂膜防水层施工	（一）工前准备	1.能识读涂膜防水构造的图示和图例 2.能检查涂膜防水基层质量 3.能进行场地设备、施工工具的安全检查	1.涂膜防水基层质量要求 2.涂膜防水施工安全操作知识
	（二）基层处理	1.能检查防水基层含水率 2.能修复基层缺陷	涂膜防水基层检查含水率的方法
	（三）涂膜施工	1.能按配合比现场配制防水涂料 2.能喷涂高聚物改性沥青类防水涂料 3.能铺贴胎体增强材料	高聚合物改性沥青类防水涂料的喷涂工艺
	（四）检查修补	1.能对涂膜破损部位进行修补 2.能对涂膜防水层进行蓄水或淋水试验	1.涂膜防水层修补知识 2.涂膜防水层蓄水或淋水试验方法
三、刚性防水层施工	（一）工前准备	1.能识读刚性防水构造的图示和图例 2.能进行场地设备、施工工具的安全检查	刚性防水层施工安全操作知识
	（二）基层处理	能检查刚性防水基层质量	刚性防水基层质量要求
	（三）涂抹防水层	1.能刮抹聚合物水泥防水砂浆防水层 2.能用棕刷涂刷水泥基渗透结晶型防水涂料	聚合物水泥防水砂浆或水泥基渗透结晶型防水涂料的施工顺序、方法和质量要求
	（四）检查修补	1.能检查刚性防水层厚度 2.能对刚性防水层破损部位进行修补	刚性防水层厚度检查与破损部位修补的方法

第二章　防水施工基本理论和技能

第一节　防水施工基本识图

一、图的分类

作为整套房屋施工图中专业图样的重要组成部分，建筑施工图主要体现了建筑物的整体布局、内部布置、外部造型、内外装饰、固定设施、细部构造和施工要求等。在设计阶段和施工阶段，首先要绘制和识读的设计文件包括建筑施工图，其中含有工程项目的大部分信息，而且是别的专业工作的基础。所以，在整套房屋施工图中建筑施工图处于首要地位，是整套房屋施工图中有着基础性、全局性的重要部分。

建筑施工图的组成包括一系列图样、必要的表格与文字说明，分别被绘制于不同的图纸上，图纸的规格尽量统一，其大小根据建筑规模选用。并根据图样内容的主次关系、逻辑关系对图样进行有序的编排。通常情况下，建筑施工图的组成内容及合理排序是首页图、总平面图、建筑平面图、建筑立面图、建筑剖面图和建筑详图。

1. 首页图

施工图中不仅包括各种图样，还包括图样目录、设计说明和工程做法与门窗的统计表等表格及文字说明。通常是将这部分内容集中编写出来，并编排于施工图的前面，当内容不多时，可以将其绘制在施工图的第一张图样上，这就是施工图首页图。

施工图首页适用于全套图样，但通常是由建筑设计人员编写，因此常作为建筑施工图的一部分。建筑施工图首页图是全套图样的首张图样，其主要内容有图样目录、设计说明、工程做法表、门窗统计表等。

（1）图样目录。图样目录罗列该工程项目包括哪几种专业图样，各种专业图样的所有名称、张数及图样顺序，便于查阅图样。因为最终会将整套施工图折叠装订为 A4 大小的设计文件，所以通常单独将图样目录绘制在 A4 大小的图纸上，并排在全套图的首页。当有较多内容时，可以分页绘制。看图前要先审查目录和整套施工图图样是否对应，避免缺页给识图及施工带来不便。

（2）设计说明。建筑设计说明主要用以说明本项工程的设计依据、工程概况、构造做法和用料、施工要求与注意事项等。当有其他专业的设计说明时，也可以将其与建筑设计说明合在一起，作为整套图样的总说明，排在所有施工图之前。

（3）工程做法表。工程做法表主要是用表格的形式对建筑各部位构造做法进行具体的说明。当广泛引用通用图集中的标准做法时，制作工程做法表会更方便、高效。工程做法表的内容通常包涵工程构造的部位、名称、做法和备注说明等，由于多数工程做法是对房屋进行基本的土建装修，因此又称其为建筑装修表。

（4）门窗统计表。门窗统计表是对建筑物上各种类型的门窗进行的统计表格。门窗的类型、尺寸、所应用的标准图集和类型编号等都通过门窗表来说明，当有特殊要求时，应在备注中进行说明。

2. 总平面图

（1）总平面图的形成。用水平投影方法和相应的图例将新建工程附近一定范围内的原有和拆除的建筑物、新建、拟建、构筑物和其周围的地形、地物状况绘制出来，所形成的工程图样就是总平面图。

总平面图是建设工程和其周边建筑物、构筑物附近环境等的水平正投影，反映了地基所在范围内的总体布置。主要包括当前工程的平面轮廓形状及层数，与原有建筑物的距离、地形地貌、周边环境、道路和绿化设置等情况。

（2）总平面图的作用。总平面图不仅是建设工程项目中对新建房屋进行施工定位、开展土方施工、铺设设备专业管线的依据，也是施工时安排进入现场的构件和材料、配件暂存场地，构件堆放的场地和运输道路等对施工总平面进行布置的依据。

3. 建筑平面图

（1）建筑平面图的形成。用一个假想的水平剖切平面在略高于窗台的部位将房屋剖切，把上面部分移去，把余下的部分向水平面做正投影所得到的水平投影图，就是建筑平面图，简称为平面图。

（2）建筑平面图的命名和组成。建筑以层次来命名平面图，如底层平面图、二层平面图、三层平面图等。通常情况下，平面图的个数与房屋的层数是相同的，而且应该在图形的下方标示相应的图名、比例等。

底层平面图是在房屋底层窗洞口进行水平剖切所得到的平面图，顶层平面图是对最上面一层剖切而得的，中间各层则被称为中间层平面图（通常有二层平面图、三层平面图、四层平面图等）。

当中间各层的平面布置一样时，可以只用一个平面图来体现，这就是标准层平面图。当建筑物有地下室时，还要绘制地下室平面图。

所以，多层建筑的平面图通常包括地下室平面图、底层平面图、标准层平面图或中间层平面图、顶层平面图等楼层平面图，除此之外还有屋顶平面图。实际上，楼层平面图即为房屋各层的水平剖面图，而屋顶平面图则是在房屋屋顶上方向下进行水平正投影得来的，反映了建筑物屋面的布局情况和排水方式。

4. 建筑立面图

（1）建筑立面图的形成和作用。建筑立面图是指在和房屋立面相平行的投影面上所得到的正投影图，简称为立面图。

立面图主要反映的是房屋的外貌、各部分配件的形状与相互关系，外墙面装饰的色彩、材料和做法，房屋的高度与层数、屋顶的形式，门窗的位置、大小和形式，及雨篷、檐口、勒脚、台阶、窗台、阳台等配件和构造各部位的标高等。建筑立面图是建筑及装饰施工的重要图样，通常在对室外进行装修时会用到，以此来表现房屋立面的艺术造型。

（2）建筑立面图的命名。根据房屋各立面的复杂程度，应绘制多个建筑立面图，通常有四个立面图。立面图的命名，常有下面三种方式。

①根据立面图中首尾两端轴线的编号来命名，如（A）~（C）立面图、①~⑤立面图等。

②根据房屋的朝向来命名，如东立面图、南立面图、西立面图、北立面图等。

③根据房屋立面的主次（设置有房屋主出入口的墙面是正面）来命名，如正立面图、左侧立面图、右侧立面图、背立面图等。

以上三种命名方式的特点都不相同。当建筑物存在定位轴线时，应按两端轴线号来命名，这样便于阅读图样时与平面图对比了解。

5. 建筑剖面图

假想一个或多个垂直于外墙的铅垂剖切平面把房屋剖开，将靠近观察者的部分移去，将剩余部分进行正投影所得到的图即建筑剖面图，简称为剖面图。

综上所述，建筑剖面图即建筑物的垂直剖面图。建筑剖面图通常包括剖切面及投影方向可视的建筑构造、构配件和必要的尺寸与标高等。

建筑剖面图反映了建筑物内部垂直方向的高度，楼层分层情况和简要的结构形式及构造方式。它和建筑平面图、立面图相互补充，是不可缺少的建筑施工图中的一种基本图样。

6. 建筑详图

（1）建筑详图的形成。作为建筑施工图的基本图样，建筑平面图、立面图、剖面图主要包括建筑的平面布置、内部空间与主要尺寸、外部形状等信息，但由于包含的内容范围较大，比例较小，难以表达清楚建筑的细部构造。为了准确指导施工，用较大的比例详细地表达建筑的细部构造的图样即为建筑详图，有时也被称作大样图，它补充和完善了基本图样。

（2）建筑详图的特点与类型。建筑详图的突出特点有：绘制的比例较大，可以清晰地表达所绘节点或构配件，有齐全的尺寸标注和详尽的文字说明等。通常采用的比例有1:50、1:20、1:10、1:5、1:2等。建筑详图的类型通常有如下几种：

①局部构造详图。如墙身详图、楼梯详图、厨房详图、卫生间详图等。

②构件详图。如阳台详图、门窗详图等。

③装饰构造详图。如门窗套装饰构造详图、墙裙构造详图等。

二、建筑施工图的识读

1. 建筑施工图的识读与步骤

房屋施工图具有直接用来指导施工的作用，识读房屋施工图时，应先熟记施工图中较常使用的图例、符号、线型、尺寸以及比例的含义，还要对房屋的组成和构造有一些基本的了解。要熟悉掌握一套完整施工图样的编排流程等。

（1）建筑工程图的识读步骤。读图的常见方法：先粗读再细读，由全局到局部，建筑结构互相参照。

①看首页目录，对各专业图样的内容、张数及图号进行了解，再看总说明与总平面图，对建筑类型、工程概况、技术和材料要进行了解。

②按照建筑平面图、立面图、剖面图、构造详图的先后顺序依次阅读建筑施工图。

③按照基础图、结构平面布置图、结构构件详图的先后顺序依次阅读结构施工图。

④看设备施工图需要具备一定的专业知识，要根据专业的不同进行阅读。在读图时，应该认真记录图样中的疑点和要点，以便查阅，但禁止擅自修改。

（2）图样会审。在动工前，建设单位、设计单位与施工单位一起对图样进行会审，审查图样时要全面，对施工图中存在的问题进行研究和讨论，提出修改意见，建设单位要对会审进行记录，设计单位对设计中错误与不合理的地方要进行修改。

（3）建筑工程图的识图方法。

①为方便作图并使图样具有基本的统一性，国家规定了一系列标准的图形符号用以表示建筑构配件、建筑材料和做法等。在识图前，一定要掌握有关规定和图例符号。

②建筑工程施工图中，有很多构配件选用标准定型设计，识图时要了解标准图归属、图集的编号与编制的单位，便于查阅。

③建筑工程施工图绘制时一般用缩小的比例，在较为复杂的房屋部位，要结合其详图一起阅读。

④对工程有了大体的了解以后，根据专业工种的不同进行细读。如抹灰工要知道内外墙面、顶棚及地面抹灰饰面工程的种类与所用材料，还须对窗台、墙裙、楼梯、勒脚、踢脚板、雨篷等细部的构造做法和材料有所了解；防水技师要对防水工程细部节点构造进行细读，掌握防水节点如天沟、檐口、管道穿越防水层等防水层次、材料、构造形式，还有各部位的尺寸等。

2. 建筑工程常用图例

（1）常用建筑材料图例（见表 2–1）。

表 2–1 常用建筑材料图例

名称	图例	备注
自然土壤		包括各种自然土壤
夯实土壤		
砂、灰土		靠近轮廓线绘制较密的点

续表

石材		应注明大理石或花岗岩及光洁度
毛石		应注明石料块面大小和品种
普通砖	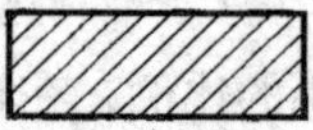	包括实心砖、多孔砖、砌块等砌体，断面较窄难以绘出图例线时，可涂红
饰面砖		包括铺地砖、陶瓷锦砖、马赛克、人造大理石等
焦渣、矿渣	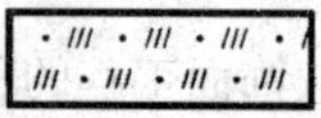	包括与水泥、石灰等混合而成的材料
混凝土		1.本图例指能承重的混凝土及钢筋混凝土 2.包括各种强度等级、骨料、添加剂的混凝土 3.在剖面图上画出钢筋时，不画图例线 4.断面图形小，不易画出图例线时，可以涂黑
钢筋混凝土	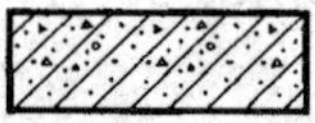	
多孔材料		包括沥青珍珠岩、水泥珍珠岩、泡沫混凝土、非承重加气混凝土、软木、蛭石制品等
木材		1.上图为横断面，上左图为垫木、木砖或木龙骨 2.下图为纵断图
石膏板	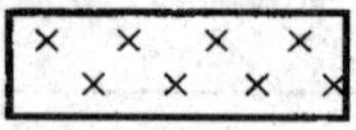	包括圆孔、方孔石膏板，防水石膏板等（要注明厚度）
金属		1.包括各种金属 2.图形小时，可涂黑

续表

玻璃		为玻璃剖断图，包括平面玻璃、磨砂玻璃、夹丝玻璃、钢化玻璃、中空玻璃、夹层玻璃、镀膜玻璃等（要注明厚度）
防水材料		构造层次多或比例大时，采用此图例
粉刷		本图例采用较稀的点

（2）常用建筑构造与配件图例（见表2–2）。

表2–2 常用建筑构造与配件图例

序号	名称	图例	说明
1	墙体		应加注文字或填充图例表示墙体材料，在项目设计图样说明中列材料图例全表并给予说明
2	隔断		1.包括板条抹灰、木制板、石膏板、金属材料等隔断 2.适用于到顶或不到顶隔断
3	通风道		1.阴影部分可以涂色代替 2.烟道和墙体用同一种材料，其相接处墙身线要断开
4	楼梯	上 下 上 下	1.上图为底层楼梯平面图，中图为中间层楼梯平面图，下图为顶层楼梯平面图 2.楼梯及栏杆扶手的形式与梯段踏步数要按实际情况绘制

续表

<table>
<tr><td>5</td><td>坡道</td><td> 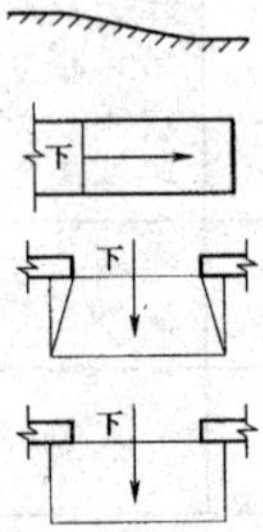</td><td>上图为长坡道，下图为门口坡道</td></tr>
<tr><td>6</td><td>烟道</td><td> 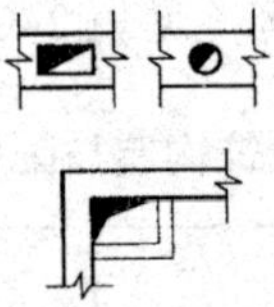</td><td>1. 阴影部分可以涂色代替
2. 烟道和墙体用同一材料，其相接处墙身线要断开，阴影部分可以涂色代替</td></tr>
<tr><td>7</td><td>孔洞</td><td> </td><td>阴影部分可以涂色代替</td></tr>
<tr><td>8</td><td>双扇门(包括平开或单面弹簧)</td><td> 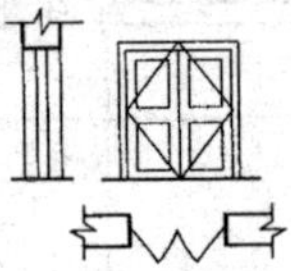</td><td rowspan="3">1. 门的名称代号用 M 表示
2. 图例中，剖面图右为内、左为外，平面图中，上为内、下为外
3. 立面图上，开启方向线交角的一边为安装合页的一边，实线为外开，虚线为内开
4. 平面图上的门线应 90°或 45°开启，开启弧线宜绘出
5. 在一般设计图中可不表示立面图上的开启线，在详图和室内设计图上应表示
6. 立面形式要根据实际情况绘制</td></tr>
<tr><td>9</td><td>平扇双面弹簧门</td><td> 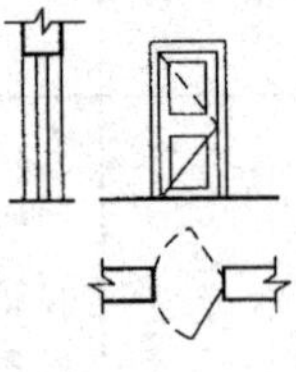</td></tr>
<tr><td>10</td><td>双扇弹簧门</td><td> 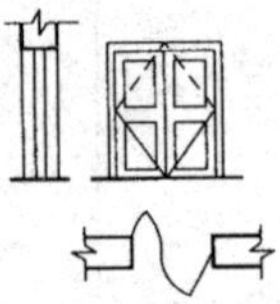</td></tr>
</table>

续表

11	单扇内外开双层门(包括平开或单面弹簧)	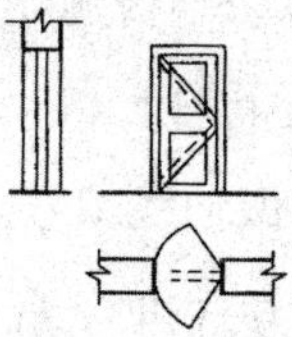	
12	单扇门(包括平开或单面弹簧)	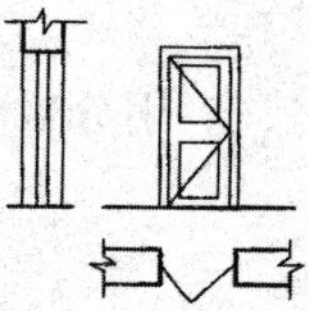	
13	单层固定窗	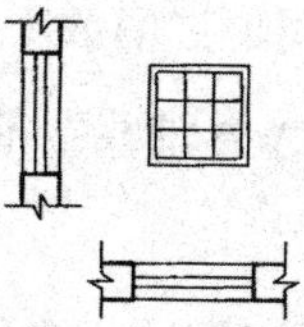	窗的名称代号用C表示
14	单层外开平开窗	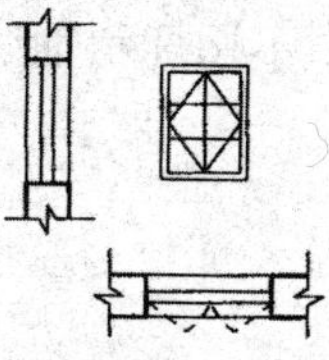	

（3）定位轴线。

①建筑施工图中的定位轴线是用来确定建筑物主要承重构件所在位置的基准线，常作为施工定位、放线的主要依据。应该用细单点长画线绘制定位轴线。

②通常要对定位轴线进行编号，编号应标示于轴线端部的圆内。应该用细实线绘制圆，直径通常为8mm，详图上可采用10mm。而定位轴线圆的圆心，应处在定位轴线的延长线上或者是延长线的折线上。

③平面图上定位轴线的编号，可以直接标注在图样的左侧或下方。应该采用阿拉伯数字进行横向编号，编写顺序是由左到右，竖向编号要选用大写拉丁字母，编写顺序是由下到上。

拉丁字母的I、O、Z不能用来做轴线编号。当字母数量不够使用时，可采用双字母或单字母加注脚的方式进行编号，如AA、BA、…、YA或A1、B1、…、Y1。

④对附加定位轴线进行编号时，应用分数的形式来表示，编写时要符合下列规定。

a. 两根轴线之间的附加轴线，应用前一轴线的编号作为分母，其分子表示附加轴线的编号，应该选用阿拉伯数字按顺序编写。

b. 附加轴线位于1号轴线或A号轴线之前时应该用分母01、0A来表示。

⑤一个详图对几根轴线都适用时，应将各有关轴线的编号一起注明。通用详图中的定位轴线只需画圆，不用标示轴线编号。

（4）标高。

①标高。标高指的是建筑物某一部位与基准面（标高的零点）之间的相对竖向高度，是竖向定位的依据。标高是用来标注建筑物高度的另一类尺寸形式。根据选用基准面的不同可分为绝对标高与相对标高。

a. 绝对标高。用一个国家或地区统一规定的基准面定为零点的标高，即为绝对标高。我国规定用山东省青岛市的黄海夏季的平均海平面定为绝对标高的零点。

b. 相对标高。根据工程的需要自由选定的标高基准面，即为相对标高。通常将建筑物室内首层主要地面定为相对标高的零点（±0.000）。

②标高符号。用等腰直角三角形作为标高符号。用涂黑的三角形作为总平面图室外地坪的标高符号。标高数字用米做单位，保留三位小数，

总平面图保留两位小数，零点标高应写为 ±0.000；正数标高无须写“+”号，负数标高要写上“–”号，如图 2–1 所示。

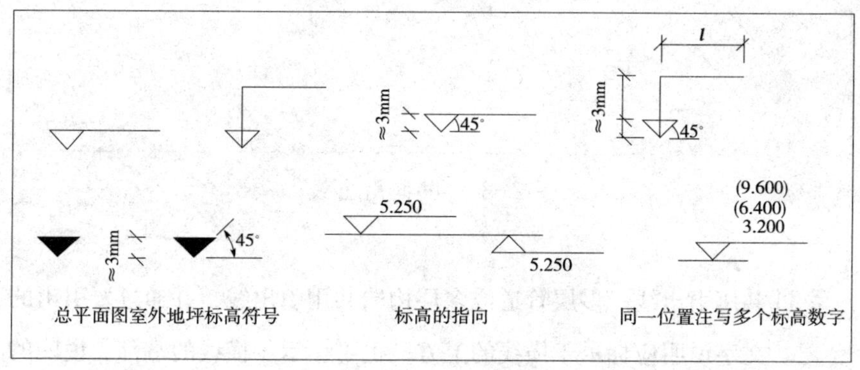

图 2–1　标高符号的标注

（5）引出线。

①引出线。应用细实线绘制引出线，宜选用水平方向的直线，跟水平方向成 30°、45°、60°、90° 的直线，或者把上述角度再折成水平线，如图 2–2 所示。

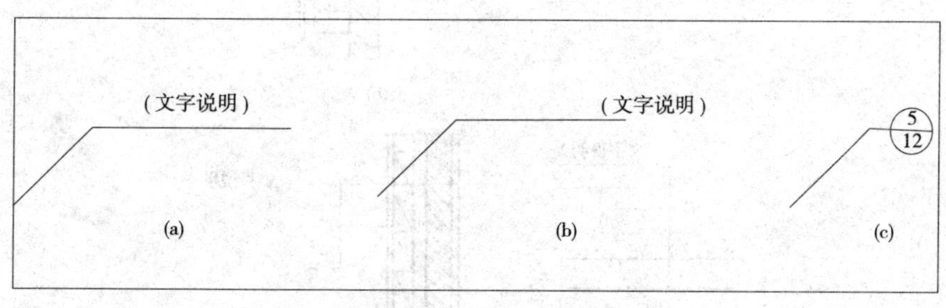

图 2–2　引出线

②共同引出线。将几个相同部分同时引出的线，如图 2–3 所示。

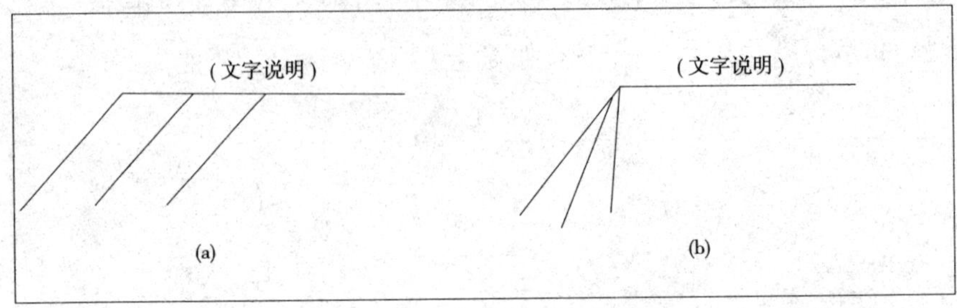

图 2-3　共同引出线

③共用引出线。多层管道或多层构造共用引出线，并通过要引出的各层。文字说明应标示于横线的上方，也可标示于横线的端部，说明的顺序要从上到下，并应跟被说明的层次保持一致；如层次是横向排列的，则从上到下的说明顺序应跟从左到右的层次保持一致，如图 2-4 所示。

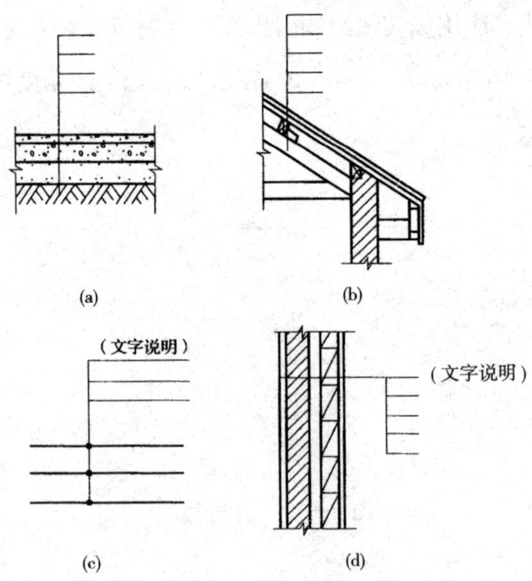

图 2-4　多层构造引出线

（6）索引符号与详图符号。

①索引符号。图样中的某一构件或局部，如需用详图说明，应使用索引符号索引，如图 2–5(a) 所示。索引符号的组成是直径为用细实线绘制的 10mm 的圆和水平直径。索引符号的编写要符合下列规定。

a. 当索引出的详图和被索引的详图位于同一张图纸上时，应该使用阿拉伯数字在索引符号的上半圆内注明这个详图的编号，并绘制一段水平细实线在下半圆内，如图 2–5(b) 所示。

b. 当索引出的详图和被索引的详图并不在同一张图纸上时，应该使用阿拉伯数字在索引符号的上半圆中注明这个详图的编号，并用阿拉伯数字在索引符号的下半圆内注明该详图所在的图样的编号，如图 2–5(c) 所示。数字过多时，可以用文字注明。

c. 如果索引出的详图使用的是标准图，应将该标准图册的编号加注于索引符号水平直径的延长线上，如图 2–5(d) 所示。

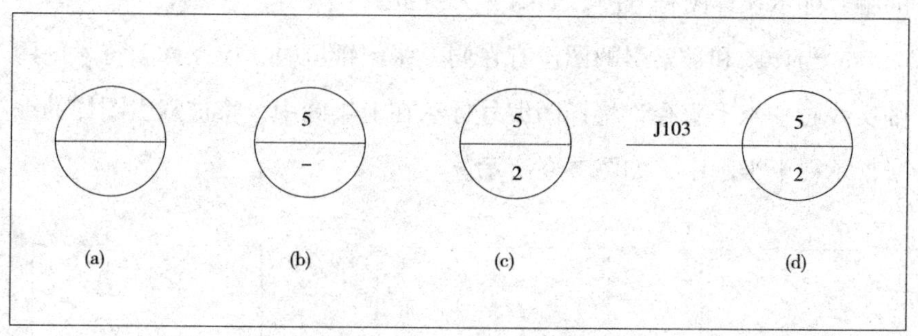

图 2–5　索引符号

②如用索引符号对剖视详图进行索引，应该绘制剖切位置线于被剖切的部位，用引出线引出索引符号，引出线位于投射方向的同侧。索引符号的编写与上条规定相同，如图 2–6 所示。

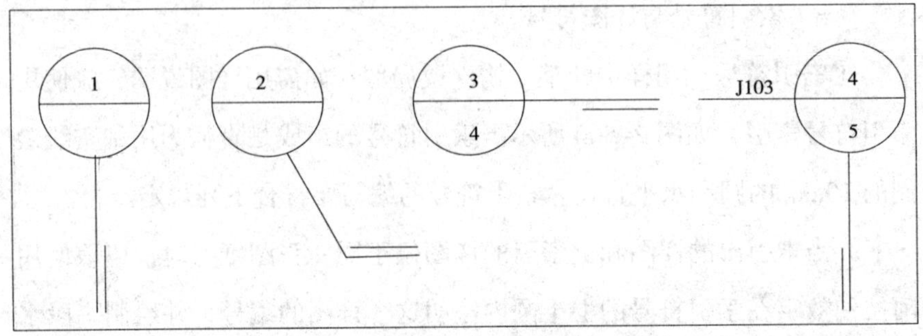

图 2-6　索引剖面详图的索引符号

③钢筋、杆件、设备等的编号，应该用细实线绘制的直径为 4 ~ 6mm（同一图样应保持一致）的圆来表示，并用阿拉伯数字按顺序来编写编号，如图 2-7 所示。

④详图符号。详图的位置与编号，应该用详图符号表示。用粗实线绘制直径为 14mm 的圆来表示详图符号。详图编号时应该符合下列规定。

a. 当详图和被索引的图在同一张图纸上时，应用阿拉伯数字将详图的编号标示在详图符号内，如图 2-8 所示。

b. 当详图和被索引的图没有在同一张图纸上时，应在详图符号内用细实线画一水平直径，将详图编号标示在上半圆中，将被索引图样的编号标示在下半圆中，如图 2-9 所示。

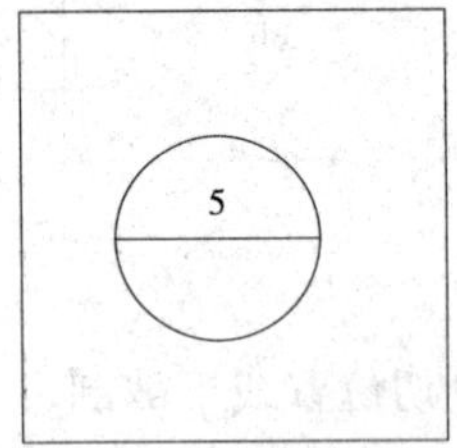

图 2-7　钢筋等的编号

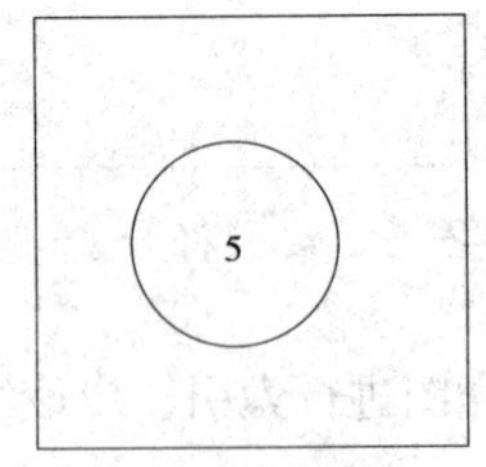

图 2-8　与被索引图同在一张图纸内的详图符号

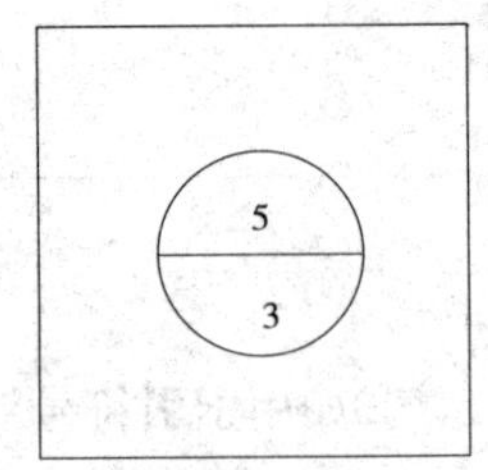

图 2-9　与被索引图不在一张图纸内的详图符号

（7）其他符号。

①对称符号。对称符号包括对称线及其两端的两对平行线。用细单点长画线绘制对称线；用细实线绘制平行线，其长度在 6 ～ 10mm 之间，每对的间距在 2 ～ 3mm 之间，对称线将两对平行线垂直平分，两端延长至平行线 2 ～ 3mm 之外，如图 2–10(a) 所示。

②连接符号。连接符号是用来表示需要连接的部位而绘制的折断线。两部分有一定距离时，应该用在大写拉丁字母折断线两端靠图样一侧分别标注表示连接符号。必须用同一个字母来对两个需要被连接的图样进行编号，如图 2–10(b) 所示。

③指北针的形状应该如图 2–10(c) 所示，圆的直径应该是 24mm，并用细实线绘制，指针尾部的宽度应该是 3mm，并在指针头部标注“北”或“N”字。当要用更大的直径绘制指北针时，指针尾部的宽度应该是直径的 1 / 8。

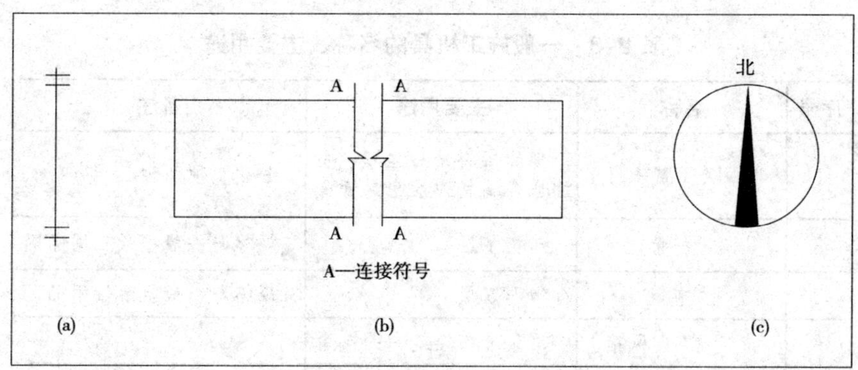

图 2–10　其他符号

(a) 对称符号 ；(b) 连接符号；(c) 指北针

第二节　防水施工工具的使用

通常可将常用的防水施工机具分成四类：一般施工机具、热熔卷材施工机具、热焊接卷材施工机具、堵漏施工机具。因为施工机具有较多品种，其用途也不同，所以要做好准备及工具配套工作。

一、一般施工机具

一般施工机具的名称及主要用途如表 2–3 所示，其外形示意图见图 2–11。

表 2–3　一般施工机具的名称、主要用途

序号	名称	主要用途	备注
1	小平铲（腻子刀）	硬的适合清理基层，软的适合调制弹性密封膏	分软、硬两种
2	扫帚	清扫基层	规格与一般生活日用品同
3	拖把	清理基层	规格与一般生活日用品同
4	皮老虎（皮风箱）	用于清扫接缝中的灰尘	
5	钢丝刷	清理基层灰浆	
6	油漆刷	刷涂基料	
7	铁桶、塑料桶	装盛溶剂或涂料	
8	电动搅拌器	搅拌糊状材料	可用手电钻改制

续表

9	嵌填工具	用来嵌填衬垫材料	规格可按缝深用竹或木自制
10	压辊	用于卷材施工压边	规格是640mm×100mm，钢制
11	油漆刷	用来涂刷油漆	
12	滚动刷	用来涂刷打底料、胶粘剂	规格是ϕ60mm×125mm，ϕ60mm×250 mm
13	空气压缩机	用来清理基层灰尘及热熔卷材施工，拖动其他机械	
14	鸭嘴壶	浇灌沥青胶结料	
15	刮板（木、铁皮、胶皮）	刮涂防水涂料，如聚氨酯、“堵漏灵”等	胶皮刮板不可刮涂含溶剂的涂料
16	手（气）动挤压枪	嵌填筒装密封材料	
17	磅秤	称量防水材料	
18	长把刷	涂刷防水涂料	自定长度
19	镏子	密封材料表面修整	
20	铁皮刮板	用于复杂部位刮混合料	
21	皮卷尺	用来度量尺寸	
22	钢卷尺	用来度量尺寸	
23	橡胶刮板	用来刮混合料	
24	油锅	用来熔熬热沥青	自制
25	锅灶	加热油锅	
26	灌浆泵	灌注防水材料	

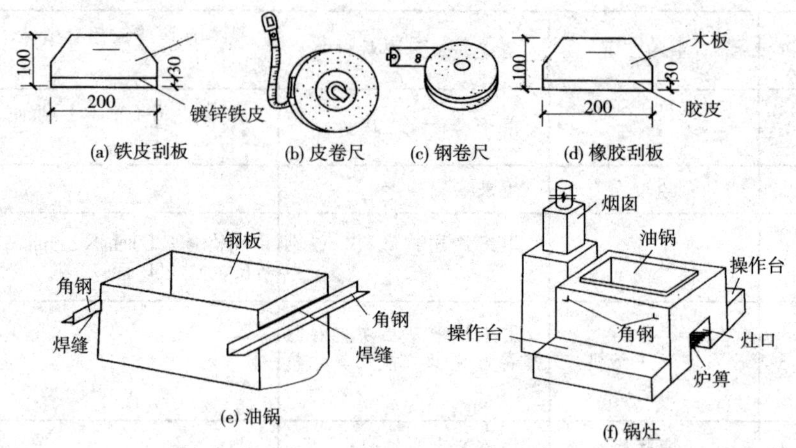

图 2-11　一般施工工具外形示意图

二、热熔卷材施工机具

一般热熔卷材施工机具如表 2-4 所示，其外形见图 2-12。

表 2-4　热熔卷材施工机具

序号	名称	主要用途	备注
1	喷灯	用于热熔卷材	燃料：煤油、汽油
2	火焰喷枪	加热改性沥青卷材，粘贴面层与基层	汽化油火焰枪 AD-Y-02
			石油液化气火焰枪 AD-Q-01；石油液化气火焰枪 AD-Q-02；石油液化气火焰枪 AD-Q-03

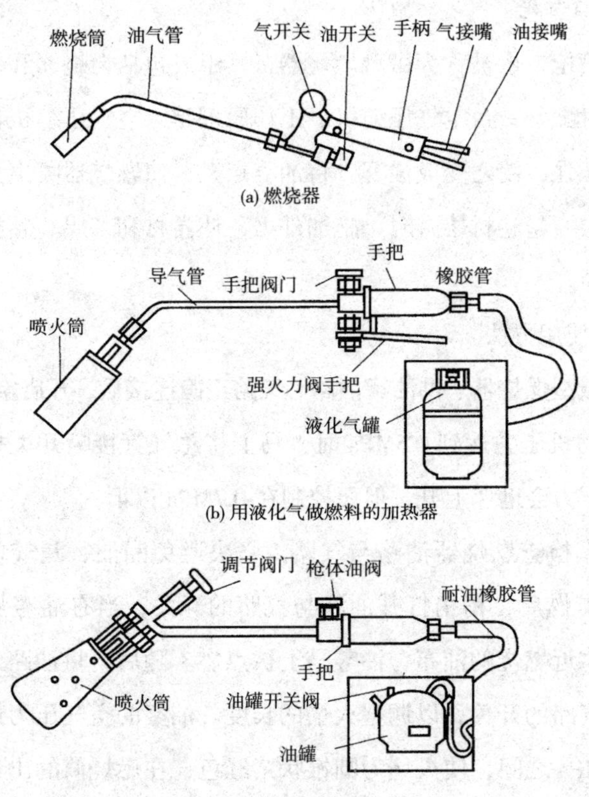

图 2-12 一般热熔卷材施工机具外形示意图

1. 喷灯（喷火灯、冲灯）

热熔卷材施工时会使用喷灯来加热卷材的黏结面材料，使之变成熔融状态，通过施加一定外力，使卷材和基层、卷材和卷材之间黏结牢固。

施工时，点燃汽油喷灯，手持喷灯将基层和卷材的交界处加热。喷灯与交界处的距离约 0.3m，通过往返加热，使卷材受热均匀，当卷材变成熔融状态时往前滚铺，并及时用自制工具压实。

2. 火焰喷枪

火焰喷枪，也被称为微型燃烧器，其组成包括燃烧器和供油罐两部分，作业时配备一台空气压缩机。工作原理是，空气压缩机首先增大供油罐内的压强，使之变成油雾，将油雾点燃，使燃烧器喷出火焰，加热卷材和基层，趁卷材熔融时，施加外力，使卷材和基层、卷材和卷材之间黏结牢固。

（1）使用方法。

①将微型燃烧器、供油罐油路、气路正确连接后，开启空气压缩机，当空气压缩机压力达到 0.5MPa 时，马上将总气管接嘴开关打开，此时油罐内的压力会迅速上升，但要控制在 0.7MPa 以下。

②认真检查燃烧器油路与气路，坚决避免漏油、漏气现象。将一小块油布点燃后，稍稍打开油路与气路的开关，当有油雾从燃烧筒内喷出时，靠近燃烧的油布，油雾马上被点燃。随后，将油路开关打开，接着开大气路的开关，以调整火焰的长度。油雾的空气压力最好控制在 0.3 ~ 0.5MPa 之间，使火焰为圆锥状紫红色，在燃烧筒的出口处呈现淡蓝色。这样不会有回火现象发生，具有可靠的安全性。禁止出现冒黑烟的情况。

结束工作的程序与启动点火时正好相反。

（2）注意事项。

①打开或关闭燃烧器的油路开关时不可过猛，防止熄火。

②在运输、储运及使用燃烧器时要做好保护措施，不可乱放、乱摔、随意拆卸或将其作为其他工具使用。特别是在工作过程中，燃烧筒的温度较高，禁止碰撞，防止变形或漏油、漏气导致火焰形状不稳定甚至酿成安全事故。

③供油罐内的压力应控制在0.3 ~ 0.7MPa之间，低于0.3MPa时，燃烧器无法正常工作，最大压力为0.7MPa。

④在运输或未使用供油罐时，应将接气开关和下部的放油口打开，放掉余油，使供油罐处于放空状态。要排干净存油，以免危及安全。

⑤每年要定检一次供油罐，每次用完要随检，发现隐患应及时上报并处理。

⑥气路必须使用压缩空气，其他气体禁止使用。

三、热焊接卷材施工机具

热压焊接PVC防水卷材时，两片PVC卷材的接合长度在40 ~ 50mm之间，用焊嘴吹热风对其加热，热塑性塑料具有受热变化的特点，卷材的边缘部分受热后会达到熔融状态，随后用滚筒、手压辊给予均匀的压力，将其焊接成一体。

1. 热压焊接机构造

热压焊接机构造见图2-13。

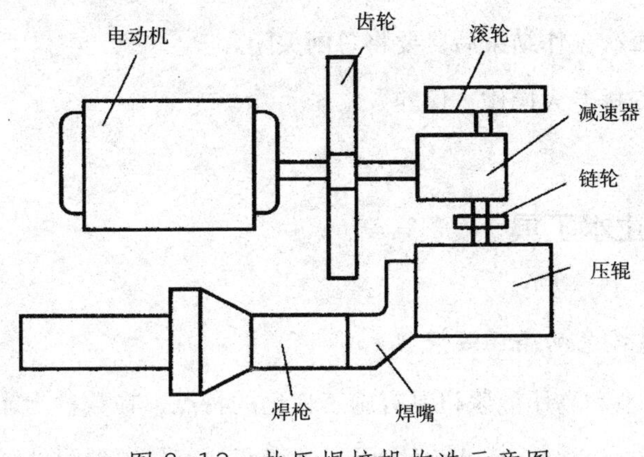

图2-13 热压焊接机构造示意图

2. 操作程序

（1）首先对焊机、焊枪、焊嘴等进行检查，看其是否齐全、安装是否牢固。

（2）总启动开关合闸，使电源接通。

（3）先将焊枪的开关打开，调节电位旋钮，从零调至合适的功率，要逐渐调节，当温度达到要求时，预热几分钟。

（4）将电动机的开关打开，用手柄操控运行方向，进行热压焊接施工。

（5）焊接结束后，先将热压焊接机的电动机开关关闭，之后将焊枪的旋钮旋转至 0 位，过数分钟后，再将焊枪的开关关闭。

3. 注意事项

（1）热压焊机工作时，不准用手触碰焊嘴，防止烫伤。

（2）要严格遵守操作程序，禁止乱动。

（3）作业时，禁止穿带钉子的鞋进入施工现场。

（4）热压焊机停机之后，禁止在地面上拖动，禁止存放于潮湿的地方，应轻拿轻放。

（5）每次工作结束后，要将总闸关闭。

（6）安排专人操作、保养。

四、堵漏止水工具

1. 便携式电动高压灌浆机

便携式电动高压灌浆机具有施工快速的特点，在数秒内能将工作压力提升到 0 ~ 10000psi。持续增压，可将药剂充分灌到深处细微裂缝与蜂巢结构，对填补结构体裂缝与蜂巢结构很有效。可选用的材料有环氧树脂、无颗粒状低黏度液体、聚氨酯发泡注浆料。

2. 便携式电动低压灌浆机

作为化学灌浆防水堵漏的必备工具，便携式电动低压灌浆机要具有质量轻、体积小、不用电、性能可靠、结构简单、操作灵活、清洗方便等特点，在单组分化学灌浆工程中有广泛使用，可以在几十分钟内将各种建筑工程的渗漏水快速封堵，工作人员使用时简便易学。

第三节 防水施工程序

一、防水施工特点与任务

1. 防水施工特点

（1）质量要求高。建筑物和构筑物的使用年限和功能的顺利运行，要求防水施工的质量必须有保障。

（2）施工条件复杂。工程位置可能在地下、地上、室内，施工的部位可能是地下的构筑物或屋面、墙面、楼地面，由于经常露天作业，在地下水位、气候条件等外部环境因素的制约下，施工条件变得更加复杂。

（3）材料品种多。随着科学技术的不断发展，防水材料日益丰富，不同的材料有各自的性能特点，因此施工方法必须随着不同材料质量要求的变化而改变。

（4）施工工期长。由于防水工程施工工艺复杂，工程量大，质量要求高，施工时间一般较长。

（5）成品保护难。防水工程和其他工程交叉施工导致防水材料的强度降低，使防水材料容易遭到破坏，成品保护难度增大。

（6）薄弱部位多。施工缝、变形缝、后浇带、穿墙管、螺栓孔、预埋件、预留洞、阴阳角等都是防水薄弱部位，只有针对不同部位采用不同的防水方法，才能做到真正的防水。

（7）管理难度大。防水工程施工工艺的复杂性、施工的流动性和单件性，受自然条件影响大，高处作业、立体交叉作业、地下作业和临时用工量大，协作配合关系较复杂等因素是造成防水施工管理难度大的关键所在。

2. 防水施工主要任务

建筑防水工程的施工，是建筑施工技术的重要组成部分，也是保证建筑物和构筑物不受侵蚀、内部空间不受危害的分项工程施工。适当运用防水材料是实现防水、保证建筑物功能正常运行的主要手段。防水工程直接影响建筑物使用年限，涉及人们生产、生活、工作的正常进行。严重的渗漏在损坏建筑物的同时，也给人们的生命和财产带来了极大威胁。同时，建筑防水工程施工是一个系统工程，它涉及各个方面。建筑防水工程施工的主要任务是在综合考虑材料、设计、施工、管理等因素的基础上，精心组织、精心施工，使各方面的质量和技术水平得到进一步的提升，保证建筑物或构筑物的使用功能在耐久年限内的充分发挥，并有良好的社会与经济效益。简而言之，加强管理，防渗、防漏，确保防水工程质量、工期和效益是防水工程施工的主要任务。

二、防水施工准备

防水施工的准备工作包括：给拟建工程的施工创造必要的技术、物质条件，统筹安排施工力量并部署施工现场，同时确保工程施工顺利进行。认真做好施工准备工作，对发挥企业优势，强化科学管理，控制好质量、工期、成本和安全，提高企业的综合经济效益和社会信誉等有着重要的意义。

1. 防水施工组织设计

施工组织设计在满足国家相关法规、业主要求、设计图纸和组织施工的基本原则的基础上，从拟建工程施工出发，结合工程实际情况，采用科学的管理方法，合理地利用现有的人力、物力和财力，根据时间和空间进行施工安排和管理，最终获取质量高、工期短、费用低的效果。

实践证明，如果拟建工程的施工组织设计编制合理，并且在施工过程中得到认真地贯彻执行，就能够保证其施工的顺利进行，取得一定的经济效益和社会效益。

2. 防水施工材料、机具准备

（1）防水工技术准备。

①仔细阅读设计图纸，透彻了解防水层施工要求，认真思索工序之间的联系。

②结合现场条件与项目经理交代的施工方案进行分析理解，特别是明确细部构造节点的施工做法。

③把经验同设计和施工验收规范要求结合在一起，能够熟练地进行施工操作。

（2）防水材料需用量准备。材料需用量计划主要为组织备料，确定仓库或堆放面积，组织运输用。其编制方法是根据材料的名称、规格、使用时间和损耗，对工料分析表或进度表中显示的施工所需材料进行计算和汇总。

（3）防水施工机具、防护用品的准备。根据施工方案和施工进度计划，确定施工机具的类型、数量、进场时间。其编制方法是将施工进度计划表中的每个施工过程，每天需要的机具类型、数量、施工时间进行汇总，从而得出施工机具的需要量计划。在有毒、有害和高温条件下开展防水施工，必须在安全操作规程的要求下，准备好安全设施和劳动保护用品，如安全网、安全带、安全帽、灭火器、工作服、防护镜、手套等。

三、施工现场准备与技术交底

1. 施工现场准备

施工现场准备主要有材料堆放场所和每天运到工作面上的施工材料临时堆放场地的准备、现场工作面的清理等方面，具体如下：

（1）准备现场材料、工具贮存堆放仓库，堆放仓库应通风、无热源。

（2）根据品种和规格将材料分别堆放，防止阳光曝晒和渗水的发生。易燃物应标示清楚，远离火源。

（3）准备运输工具，接通电源、水源，清理道路。

（4）工作面保持清洁，仔细检查基层排水坡度是否达标，强度、表面平整度是否与要求相符，如有缺陷应事先予以处理。

（5）预埋件和伸出屋面管道、设施是否安装完毕，是否牢固。

（6）认真查看相邻和高跨屋面施工是否会对本工作面防水层的施工和成品保护造成不良影响。

2. 技术交底工作

（1）目的。技术交底工作必须在工程正式施工前做好，使参加防水施工的技术人员和工人对施工任务、技术要求、施工工艺、安全等事项有清醒的认识，以保证防水工程能够及时开展。

（2）主要内容。技术交底包括技术、质量、安全、用料、工期要求及与相关工种的协作配合方法等。

（3）方法。书面形式的技术交底得到相关负责人认可后，须以口头形式传达给主要作业人员，使操作人员真正明确和彻底领会，必要时可示范操作。技术交底见证了防水施工方案实施的过程，是保证工程质量的关键。技术交底工作应分级进行，分级管理。凡技术复杂（包括推行新技术）的重点工程、重点部位，企业总工程师必须对下级技术负责人进行详细的交底，明确关键性的施工技术问题、主要项目的施工工艺，以及对特殊工程的技术、材料提出试验项目、技术要求和注意事项等内容。施工队一级的技术交底包括图纸、施工方法、技术措施和操作要求等方面的技术交底，由施工队技术负责人对施工员、质量检查员、安全员及班组长进行技术交底。单位工程技术负责人在向班组交底时，要结合具体操作部位，根据上级技术领导的相关要求，明确关键部位的质量要求、操作要点及注意事项，制订相应的，以及保证质量和安全的计划方案，相互协作配合完成任务的计划安排。

3. 防水工操作条件

（1）基础、主体及各种基层经验收全部合格。

（2）各种穿出屋面的预埋管件、穿墙洞已补好；屋面的烟囱、排风口、女儿墙、水池、电梯间、变形缝、天沟等节点在设计的相关规定下已经完成施工。

（3）屋面的施工现场已清理干净，上料的机具没有损坏并且安全，架子和围护都很到位。

（4）地下防水基层已清理干净，细部节点在设计的相关规定下已经完成施工，经验收合格。

（5）地下防水坑壁支护安全，工作面大小能满足施工需要，施工架子、安全防护等设施准备充足，经检查合格。

（6）室内多水房间的基层细部节点在设计的相关规定下已经完成施工，经验收合格，安全照明也已施行。

（7）消防器材、安全用电系统、机械运输设施、环境保护要求等部分在防水施工前进行全面检查，保证施工安全。

第三章 防水材料

第一节 防水材料概述

防水材料的品种、数量与日俱增，性能多种多样。对防水材料进行分类，是为了通过将具有共同性能的同类材料进行归类，以制定适合的材料标准与工艺标准，方便设计与施工选用，促进对防水材料的研究、改进及发展。从不同角度和要求，都可以将防水材料进行分类，方法很多，如可根据防水材料的材性、形态、属性、品种和品名进行归类。

一、按材性划分

根据材性可以将防水材料分成三大类：刚性防水材料、柔性防水材料与粉状（糊状）防水材料。刚性防水材料具有的特点有：强度高，性脆，延伸率很低，抗裂性较差，耐久性好，耐穿刺性好，耐高温、低温性极佳，大部分是无机材料，常见的有防水混凝土、防水砂浆、烧结瓦等。柔性防水材料的主要特点有：有一定强度（弹性模量），具有弹塑性，延伸率大，抗裂性好，在自然条件下耐久性能下降较快，耐穿刺性差，耐高温、低温性能有一定局限性，需要做相应的保护层。粉状防水材料主要是通过粉体的憎水性来达到防水的目的。

二、按形态划分

根据形态对防水材料进行划分，可将其分为防水卷材、防水涂膜、密封防水材料、防水混凝土、防水砂浆、金属板、瓦片、憎水剂、粉状防水材料等。不同形态的防水材料，具有不同的防水主体的适应性。如较柔软的卷材、涂膜、密封材料，适用于坚硬的基面上；金属板兼具结构层与防水层的功能；防水混凝土、防水砂浆、瓦片坚硬，刚性大；混凝土与砂浆这些多孔（毛细孔）材料中加入憎水剂、渗透剂后具有憎水性能，适用于坚硬的刚性材料上；粉状防水材料有的具有憎水性，有的则是遇水溶胀进而止水。

三、按属性划分

根据防水材料自身具有的物理、化学性能与组成特点进行划分，如表 3–1 所示。因为它们有不同的物理、化学性能与组成成分，所以其防水性能与工艺是有所区别的，如反应型涂料与挥发型涂料，其结膜的机理是不同的，所应用的环境也不一样。

表 3–1　防水材料按属性分类

序号	类别	特性	举列
1	橡胶型材	有橡胶弹性	三元乙丙橡胶卷材、聚氨酯涂料
2	树脂类材料	有塑性变形特征	丙烯酸涂料、PVC 卷材、JS 涂料
3	反应型涂料	双组分反应结膜	聚氨酯涂料、FJS 涂料
4	挥发型涂料	水、溶剂挥发结膜	丙烯酸涂料、SBS 改性沥青涂料

续表

5	改性型材料	不同材性材料互相改性	SBS 改性沥青卷材、SBS 改性热熔涂料、JS 涂料、FJS 涂料
6	热熔型涂料	加热熔化，降温结膜	SBS 改性热熔涂料

四、按材料品种划分

把材料性能、形态相同的防水材料归为一类的分类方法，是当今较规范的一种划分方法。由于材料的品种是相同的，所以一类材料有很多共性，有相似的特点，但具体性能的指标存在较大的差异，如表 3–2 所示。

表 3–2 防水材料按品种分类

序号	品种	特性	举列
1	合成高分子卷材	高分子材料压延成卷	三元乙丙卷材、氯化聚乙烯卷材、PVC 卷材
2	聚合物改性沥青卷材	聚合物改性沥青浸渍、滚压成卷	SBS 改性沥青卷材
3	沥青基卷材	胎体浸渍沥青成卷为油毡	纸胎油毡
4	合成高分子涂料	高分子材料或乳液组合成液料涂布成膜	聚氨酯涂料、丙烯酸涂料
5	聚合物改性沥青涂料	聚合物改性沥青涂料涂布成膜	氯丁胶改性沥青涂料、SBS 改性沥青热熔涂料、PVC 焦油沥青涂料
6	沥青基涂料	沥青涂料涂布成膜	石灰抹压乳化沥青
7	合成高分子密封涂料	高黏结性、弹性	聚氨酯密封胶、聚硫密封胶
8	聚合物改性沥青密封涂料	具有粘弹特性和流变特性	SBS 改性沥青密封胶、丁胶改性沥青密封胶

续表

9	防水混凝土	强度高、脆性	各种防水混凝土
10	聚合物水泥涂料	有机与无机材料组合	JS、FJS
11	聚合物水泥砂浆	砂浆中加入各种聚合物胶	干粉防水砂浆、聚合物防水砂浆
12	渗透性材料	渗透砂浆、混凝土毛细孔、堵塞毛细孔	塞柏斯（XYPEX）、渗透微晶
13	憎水剂	使毛细孔或物质表面产生憎水现象	有机硅憎水剂
14	金属板	金属板既是结构层又是防水层	铝合金压型板、压型钢板、钛金属板
15	瓦	水泥、黏土制成片状	水泥平瓦、小青瓦、筒瓦
16	粉毯	毯包裹粉制成	膨润土毯

五、按材料品名划分

根据品名对防水材料进行分类。

表 3–3　防水材料按品名分类

序号	品名	举列
1	三元乙丙橡胶卷材	硫化型三元乙丙橡胶卷材、非硫化型三元乙丙橡胶卷材
2	氯化聚乙烯卷材	氯化聚乙烯橡胶共混卷材、氯化聚乙烯卷材、Lyx–603 卷材（增强型氯化聚乙烯卷材）
3	PVC 卷材	RM–PVC 卷材
4	聚乙烯卷材	聚乙烯土工膜、聚乙烯双面丙纶卷材
5	弹性体改性沥青卷材	SBS 改性沥青卷材
6	塑性体改性沥青卷材	APP 改性沥青卷材、APAO 改性沥青卷材

续表

7	自粘卷材	SBS改性沥青自粘卷材、丁基胶改性沥青自粘卷材
8	聚氨酯涂料	水固化聚氨酯、单组分湿固化聚氨酯、双组分彩色聚氨酯、851涂料
9	丙烯酸涂料	丙烯酸酯涂料
10	聚合物水泥涂料	JS涂料、FJS涂料
11	聚合物防水砂浆	干粉砂浆、聚合物砂浆
12	防水混凝土	减水剂防水混凝土、减缩剂防水混凝土、膨胀剂防水混凝土
13	琉璃瓦	彩色琉璃瓦
14	筒瓦	筒瓦、小平瓦
15	聚氨酯密封胶	聚氨酯密封胶
16	聚硫密封胶	聚硫密封胶

第二节 防水卷材

防水卷材是指在工厂采用特定的生产工艺制成的可卷曲的片状防水材料。防水卷材是一种重要的建筑防水材料，在我国建筑防水工程中得到了广泛的应用。当前的防水卷材类型已由20世纪50年代单一的沥青油毡发展到具有不同物理性能的多种高、中档新型防水卷材，大大加快了我国防水卷材发展的进程。

常用的防水卷材按照材料组成的不同一般可分为沥青防水卷材、高聚物改性沥青防水卷材和合成高分子防水卷材三大系列。

一、沥青防水卷材

沥青防水卷材是一种可以卷曲的片状防水材料，是用沥青浸涂原纸、纤维毡等胎体材料，并在表面撒布片状、粒状或粉状的材料制作而成。

沥青防水卷材可分为有胎卷材、无胎卷材。有胎卷材指的是，用厚纸或棉麻织品、玻璃布、石棉布等胎料浸渍石油沥青制作而成的卷状材料；无胎卷材，也被称为辊压卷材，是将石棉、橡胶粉等掺到沥青材料中，经碾压而制成的卷状材料。

沥青防水卷材还可以分成石油沥青纸胎油毡（目前已禁止生产使用）、石油沥青玻璃纤维胎油毡、石油沥青玻璃布油毡和铝箔面油毡四类，常用于建筑墙体、屋面和公路、隧道、垃圾填埋场等。

二、高聚物改性沥青防水卷材

1. 高聚物

高聚物（高分子聚合物）指的是相对分子质量通常在 10^4 ~ 10^6 及以上的一类大分子物质，其分子中含有的原子数常常是数万、数十万甚至高达数百万。

根据材料的性质与用途来分类，可将高聚物分为塑料、橡胶、纤维。

橡胶通常是一种线型柔顺的高分子聚合物，具有优异的高弹性，施加很小的力，就会发生很大的形变（500% ~ 1000%），外力消失后会恢复原状。适度交联（硫化）后橡胶材料中形成的网络结构能够防止大分子链相互滑移，使弹性形变性能增强。交联度变大，弹性降低，弹性模量升高，高度交联会得到硬橡胶。常见的品种有天然橡胶、乙丙橡胶、丁苯橡胶、顺丁橡胶。

纤维材料通常是线性结晶聚合物，其平均相对分子质量比橡胶、塑料低。纤维不容易形变，伸长率小（<50%），具有很高的弹性模量（>35000N/cm^2）和抗张强度（>35000N / cm^2）。工业中较常使用的合成纤维有聚酰胺（如尼龙 –66、尼龙 –6 等）、聚丙烯腈、聚对苯二甲酸乙二醇酯等。

塑料的主要成分是天然聚合物或合成聚合物，还含有填充剂、增塑剂及其他助剂，在一定压力和温度下加工成型的制品或材料。其中的聚合物常被称为树脂。塑料的塑性行为在纤维与橡胶之间，软塑料和橡胶相似，硬塑料和纤维相似。根据塑料的受热行为可将其分为热塑性塑料与热固性塑料；根据其状态又可细分成泡沫塑料、模塑塑料、人造革、层压塑料、塑料薄膜等。

2. 高聚物改性沥青

在防水领域大部分的改性沥青是 SBS 改性沥青。SBS 是苯乙烯一丁二烯一苯乙烯三嵌段共聚物，是一种苯乙烯类热塑性弹性体，SBS 中聚苯乙烯链段与聚丁二烯链段明显地呈现出两相结构，聚苯乙烯是分散相，聚丁二烯是连续相，这样两相分离的结构使其可以和沥青基质之间形成空间立体网络结构，从而大大改善沥青的拉伸性能、弹性、温度性能、混合料的稳定性、内聚附着性能、耐老化性等。在各种沥青改性剂中，SBS 可以改善沥青的高低温性能和感温性，所以成为研究和使用最多的品种。目前全球沥青需求量的 61% 即为 SBS 改性沥青。

无规聚丙烯（简称 APP），为黏稠物，是生产聚丙烯（等规聚丙烯）的副产物，外观是乳白色蜡状颗粒，密度（0.89 ± 0.01）g/cm^3，软化点 120 ~ 140 ℃，100 ℃ 的运动黏度为 1000 ~ 4000mm/s，闪点

220 ~ 250℃，灰分微量。

APP改性沥青防水卷材的特点是有优越的高温性能，其制品有广泛的应用，有较高的利用率，改变了制成品在高温下抗流延性、低温下龟裂等不足，提高了沥青自身的韧性、内聚力和曲挠性。

3. 高聚物改性沥青卷材的分类

高聚物改性沥青卷材可分为塑性体改性沥青防水卷材、弹性体改性沥青防水卷材、改性沥青聚乙烯胎防水卷材、自粘聚合物改性沥青防水卷材和带自粘层的防水卷材。

（1）塑性体改性沥青防水卷材。塑性体改性沥青防水卷材即APP防水卷材，是用聚酯毡、玻纤毡、玻纤增强聚酯毡作为胎基，用无规聚丙烯烃类聚合物（APAO、APO等）做石油沥青改性剂，外表面覆上隔离材料制作而成的防水卷材。

根据胎基的不同，可以将塑性体改性沥青防水卷材分成聚酯毡（PY）、玻纤毡（G）、玻纤增强聚酯毡（PYG）；根据上表面隔离材料的不同，可分成聚乙烯膜（PE）、细砂（S）、矿物颗粒（M）；根据下表面隔离材料的不同，又可分成细砂（S）、聚乙烯膜（PE）；根据材料性能的不同，可分为Ⅰ型、Ⅱ型。

塑性体改性沥青的公称宽度是1000mm，聚酯毡（PY）公称厚度有三种，分别是3mm、4mm、5mm；玻纤毡（G）公称厚度有两种，即3mm和4mm；玻纤增强聚酯毡（PYG）公称厚度是5mm；每卷公称面积通常有7.5m^2、10m^2、15m^{2}三种。

根据名称、型号、胎基、上表面材料、下表面材料、厚度、面积和标准的不同对产品进行编号标记。如APP Ⅰ PYMPE3lOGB18243—2008，表示面积是10m^2，厚度是3mm，上表面是矿物粒料，下表面是聚乙烯膜聚酯毡的Ⅰ型塑性体改性沥青卷材。

塑性体改性沥青防水卷材在工业和民用建筑的屋面及地下防水工程中有广泛应用；玻纤增强聚酯毡卷材可在机械固定单层防水中使用，但需要经过抗风荷载测试；玻纤毡卷材可应用于多层防水中的底层防水；如果外露使用，应该选用上表面隔离材料是不透明矿物颗粒的防水卷材；地下工程防水应选用表面隔离材料是细砂的防水卷材。

塑性体改性沥青防水卷材应该卷紧卷齐，端面里进外出控制在10mm以下。成卷卷材在4 ~ 50℃任一温度下都可以展开，在距卷芯1000mm长度外不可以有超过10mm的裂纹及黏结。胎基应该浸透，不应该有没有被浸渍处。卷材表面要平整，不可以有孔洞、缺边、裂口和疙瘩，矿物粒料粒度要均匀一致并紧密地黏附在卷材表面。每卷卷材的接头最多只能有一个，较短的一段长度要大于1000mm；接头要剪切整齐，并多出150mm。

（2）弹性体改性沥青防水卷材。按照国家标准《弹性体改性沥青防水卷材》（GB18242—2008），弹性体改性沥青卷材根据胎基的不同可分为聚酯毡（PY）、玻纤毡（G）、玻纤增强聚酯毡（PYG），根据上表面隔离材料的不同可分为聚乙烯膜（PE）、细砂（S）或矿物颗粒（M），根据下表面隔离材料的不同可分为细砂（S）和聚乙烯膜（PE），根据材料性能可分为Ⅰ型、Ⅱ型。

弹性体改性沥青防水卷材的公称宽度是1000mm，聚酯毡（PY）公称厚度有三种，分别是3mm、4mm和5mm；玻纤毡（G）公称厚度有两种，即3mm或4mm；玻纤增强聚酯毡（PYG）公称厚度是5mm。每卷公称面积通常有7.5m^2、10m^{2}或15m^{2}三种。

根据名称、型号、胎基、上表面材料、下表面材料、厚度、面积和标准的不同对弹性体改性沥青防水卷材产品进行编号标记。如SBSIaPYMPE310GB18242—2008表示面积是10m^2，厚度是3mm，上表面是矿物粒料，下表面是聚乙烯膜聚酯的毡型弹性体改性沥青卷材。

工业和民用建筑的屋面及地下防水工程中大量采用弹性体改性沥青防水卷材。在机械固定单层防水工程中会使用玻纤增强聚酯毡卷材，但要经过抗风荷载测试；玻纤毡卷材可应用于多层防水中的底层防水；如果外露使用，应该选用上表面隔离材料是不透明的矿物颗粒的防水卷材；地下工程防水选用表面隔离材料是细砂的防水卷材。

弹性体改性沥青防水卷材的外观要卷紧卷齐，端面里进外出要控制在 10mm 以下。成卷卷材在 4 ~ 50℃任一温度下都可以展开，在距卷芯 1000mm 长度外不可以有超过 10mm 的裂纹和黏结。胎基要浸透，不可以存在没有被浸渍处。卷材表面要平整，不可以有孔洞、缺边、裂口和疙瘩，矿物粒料的粒度要均匀一致，而且要紧密地黏附在卷材表面。每卷卷材接头最多只能有一个，较短的一段长度要大于 1000mm；接头要剪切整齐，并多出 150mm。

弹性体改性沥青防水卷材要进行进场复试。把距外层卷头 2500mm 的卷材切除取样，根据《建筑防水卷材试验方法第 4 部分：沥青防水卷材厚度、单位面积质量》（GB/T328.4—2007）的取样方法取 1m 长的卷材，均匀分布裁取试件，卷材试件的形状与数量如表 3–4 所示。

表 3–4 弹性体改性沥青防水卷材试件形状和数量

序号	试验项目	试件形状（纵向 × 横向）/（mm × mm）	数量 / 个
1	可溶物含量	100×100	3
2	耐热性	125×100	纵向 3
3	低温柔性	150×25	纵向 10
4	不透水性	150×150	3
5	拉力及延伸率	(250~320）×50	纵、横向各 5

续表

<table>
<tr><td>6</td><td colspan="2">浸水后质量增加</td><td>(250~320)×50</td><td>纵向 5</td></tr>
<tr><td rowspan="3">7</td><td rowspan="3">热老化</td><td>拉力及延伸率保持率</td><td>(250~320)×50</td><td>纵、横向各 5</td></tr>
<tr><td>低温柔性</td><td>150×25</td><td>纵向 10</td></tr>
<tr><td>尺寸变化率及质量损失</td><td>(250~320)×50</td><td>纵向 5</td></tr>
<tr><td>8</td><td colspan="2">渗油性</td><td>50×50</td><td>3</td></tr>
<tr><td>9</td><td colspan="2">接缝剥离强度</td><td>400×200(搭接边处)</td><td>纵向 2</td></tr>
<tr><td>10</td><td colspan="2">钉杆撕裂强度</td><td>200×100</td><td>纵向 5</td></tr>
<tr><td>11</td><td colspan="2">矿物粒料黏附性</td><td>265×50</td><td>纵向 3</td></tr>
<tr><td>12</td><td colspan="2">卷材下表面沥青涂盖层厚度</td><td>200×50</td><td>横向 3</td></tr>
<tr><td rowspan="2">13</td><td rowspan="2">人工气候加速老化</td><td>拉力保持率</td><td>120×25</td><td>纵、横向各 5</td></tr>
<tr><td>低温柔性</td><td>120×25</td><td>纵向 10</td></tr>
</table>

组批：类型相同、规格相同的 10000m^2 为一批，不够 10000m^2 也可视为一批。

抽样：随机在每批产品中抽取五卷对单位面积质量、面积、厚度和外观进行检查。

卷材外包装上要注明：生产厂名、商标、地址、检验合格标志、产品标记、能否热熔施工、生产日期或批号、生产许可证号和相关标志。

卷材可用塑料袋、盒包装或纸包装。纸包装时要全柱面包装，柱面两端未包装的长度加在一起应小于 100mm，并应该在包装或产品说明书中写明贮存与运输产品时要注意的事项。

贮存和运输时，要将不同类型、规格的产品分开存放，不可混杂；防止日晒雨淋，保证通风，贮存温度要低于 50℃；立放贮存时只可以单层，运输时立放最多两层。

运输过程中，避免横压或倾斜，如有需要可加盖苫布。在正常贮存和运输条件下，贮存期从生产之日起为一年。

（3）改性沥青聚乙烯胎防水卷材。改性沥青聚乙烯胎防水卷材是用高密度聚乙烯膜做胎基，上下两面是自粘沥青或改性沥青，表面是由隔离材料制成的防水卷材。高聚物（SBS）改性氧化沥青、改性氧化沥青、丁苯橡胶改性氧化沥青都可用作改性沥青聚乙烯胎防水卷材的改性沥青，同时能够制成自粘防水卷材与耐根穿刺防水卷材。

根据产品的施工工艺可以将改性沥青聚乙烯胎防水卷材分成热熔型、自粘型两类。根据改性剂的成分又可将热熔型分成高聚物（SBS）改性氧化沥青防水卷材、高聚物改性沥青耐根穿刺防水卷材、改性氧化沥青防水卷材、丁苯橡胶改性氧化沥青防水卷材4种。

聚乙烯膜是热熔型卷材上下表面的隔离材料，自粘型卷材是用防粘材料作为上下表面的隔离材料的。

热熔型卷材的厚度有2种，分别是3.0mm、4.0mm（其中耐根穿刺卷材为4.0mm）。自粘型卷材的厚度有两种，分别是2.0mm、3.0mm。卷材的公称宽度有1000mm和1100mm两种。每卷公称面积是$10m^2$、$11m^2$。

依照产品类型、胎基、施工工艺、上表面覆盖材料、厚度及标准号顺序对卷材进行标记。

例如，3.0mm厚热熔型聚乙烯胎聚乙烯膜覆面高聚物改性沥青防水卷材，其正确标记应为TPEE3GB18967—2009。

对改性沥青聚乙烯胎防水卷材的外观要求是成卷卷材要卷紧卷齐，断面里进外出要在20mm之内。成卷卷材在4～45℃任一温度下都可以展开，在距卷芯1000mm长度处不可以有裂纹及长度超过10mm的黏结。卷材表面要平整，不可以有孔洞、缺边、裂口、疙瘩及其他所有可以看到的缺陷存在。每卷卷材最多有一个接头，最短一段的长度要大于1000mm，接头要剪切整齐，并多出150mm。

要对改性沥青聚乙烯胎防水卷材进行进场复试，复试合格之后才可使用。每卷卷材把取样卷材距外层卷头的2500mm切除后，取1m长的卷材根据《建筑防水卷材试验方法第4部分：沥青防水卷材厚度、单位面积质量》（GB/T328.4—2007（附录1））的取样方法均匀分布裁取试件，卷材性能试件的形状与数量如表3-5所示。

表3-5 卷材性能试件的形状和数量

序号	项目		试件尺寸（纵向 × 横向）/mm	数量/个
1	不透水性		150×150	3
2	耐热性		100×50	3
3	低温柔性		150×25	纵向10
4	拉伸性能		150×50	纵、横向各5
5	尺寸稳定性		250×250	3
6	卷材下表面沥青涂盖层厚度		200×50	3
7	剥离强度	卷材和卷材	150×50	10(5组)
		卷材和铝板	250×50	5
8	钉杆水密性		300×300	2
9	持粘性		150×50	5
10	自粘沥青再剥离强度		250×50	5
11	热空气老化		200×200	5

组批：类型、规格相同的10000m^{2}是一批，不足10000m^{2}也可视为一批。

抽样：随机在每批产品里抽出五卷对面积、单位面积质量、厚度与外观进行检查。

应该在卷材外包装上注明：生产厂名、商标、地址、检验合格标志、产品标记、能否热熔施工、生产日期或批号、生产许可证号和相关标志。

应该用塑料膜包装卷材。将柱面的两端热塑封装好后，用胶纸捆扎或用编织袋包装。贮存和运输时，应将类型、规格不同的产品区分开，不要混杂；防止日晒雨淋，做好通风工作；贮存温度要控制在45℃以下，贮存时，卷材应平放，码放的高度应在5层之内。

运输的过程中，避免横压或倾斜，如有必要可加盖苫布。在正常的贮存与运输条件下，贮存期从生产之日起为一年。

（4）带自粘层的防水卷材。根据《带自粘层的防水卷材》（GB/T23260—2009），带自粘层的防水卷材的产品名称的正确标记是：带自粘层+主体材料防水卷材的产品名称。如3mm矿物料面聚酯胎Ⅰ型，10m^{2}的带自粘层的弹性体改性沥青防水卷材的正确标记是：带自粘层SBSIPYM310GB18242-GB/T23260—2009。长度为20m、宽度为2.1m、厚度为1.2mm Ⅱ型L类聚氯乙烯防水卷材的正确标记是：带自粘层PVC卷材L Ⅱ 1.2/20×2.1GB12592 ~ GB/T23260—2009。

而且要说明，非沥青防水卷材规格中的厚度即为主体材料的厚度。

应在产品外包装上注明：生产厂名、产品名称、商标、地址、检验合格标志、产品标记、生产日期或批号、贮存和运输时要注意的事项。

对卷材进行包装时，要采用便于贮存及运输的方式。贮存和运输时，将类型、规格不同的产品分开存放，不要混杂；防止日晒雨淋，做好通风处理；贮存温度要控制在45℃以下，贮存卷材要平放，码放高度最多为5层，立放贮存时要单层堆放。

运输时避免横压或倾斜，如有必要应加盖苫布。在正常贮存和运输条件下，贮存期从生产日起至少为 1 年。

（5）自粘聚合物改性沥青防水卷材。遵从《自粘聚合物改性沥青防水卷材》（GB23441—2009），根据有无胎基增强可将自粘聚合物改性沥青防水卷材分成无胎基类（N 类）和聚酯胎基类（PY 类）两种。根据上表面材料又可将 N 类分成聚酯膜（PET）、聚乙烯膜（PE）、无膜双面自粘（D）。根据上表面材料 PY 类可以分为细砂（S）、聚乙烯膜（PE）、无膜双面自粘（D）。根据性能可以将产品分为Ⅰ型、Ⅱ型，卷材厚度是 2.0mm 的 PY 类只有Ⅰ型。

①卷材的规格。卷材公称宽度有 1000mm、2000mm 两种。卷材的公称面积有 $10m^2$、$15m^2$、$20m^2$、$30m^2$ 三种。卷材的厚度：N 类有 1.2mm、1.5mm、2.0mm 三种；PY 类有 2.0mm、3.0mm、4.0mm 三种。如有其他规格的需求可以向厂家订货，但 N 类厚度要在 1.2mm 以上，PY 类厚度要在 2.0mm 以上。

应根据产品名称、类型、上表面材料、厚度、面积、标准编号按顺序对产品进行标记。

例如 $20m^2$、2.0mm 聚乙烯膜面Ⅰ型 N 类自粘聚合物改性沥青防水卷材的正确标记是：自粘卷材 NIPE2.020GB23441-2009。

②对产品质量的要求。产品面积应在产品面积标记值的 99% 以上。

③卷材外观要求。要将成卷卷材卷紧卷齐，断面里进外出控制在 20mm 以下。成卷卷材在 4 ~ 45℃任一温度下都可以展开，在离卷芯 1000mm 长度处不可以存在裂纹及长度超过 10mm 的黏结。PY 类产品，其胎基要浸透，不应有没有被浸透的浅色条纹。要保持卷材表面的平整，不准有孔洞、缺边、裂口、疙瘩和其他所有能看得到的缺陷存在。每卷卷材的接头最多有一个，最短一段的长度要在 1000mm 以上，接头要剪切整齐，并多出 150mm。

④应在产品外包装上注明：产品名称、生产厂名、商标、地址、产品标记、生产许可证号及其标志、生产日期或批号、贮存和运输时要注意的事项。

对卷材进行包装时，要采用便于贮存和运输的方式。贮存和运输时，类型、规格不同的产品要区分开，不要混杂；防止日晒雨淋，做好通风处理；贮存温度要控制在45℃以下，贮存卷材时应将其平放，码放高度最多为5层，立放贮存时，应单层堆放。

运输时应避免横压或倾斜，如有必要可加盖苫布。在正常贮存和运输条件下，贮存期从生产日起至少一年。

三、合成高分子防水卷材

1. 合成高分子的定义

由可聚合小分子化合物经过聚合反应进而形成的高相对分子量化合物即为合成高分子。依照材料的用途，合成高分子可以分成合成纤维、合成塑料、合成橡胶、胶粘剂、涂料等。

2. 合成高分子卷材的特点

合成高分子卷材也叫作防水片材，是以合成高分子材料作为主体，将适量的化学助剂与填料掺入其中，经过混炼、压延或挤出工艺制作而成的片状防水材料。

合成高分子卷材按照合成高分子材料的种类可以分成以下几种：

（1）聚氯乙烯防水卷材。聚氯乙烯防水卷材具有高强度的拉伸性能，延伸率大，能极强地适应基层伸缩或开裂变形；水蒸气扩散性良好，容易将基层的湿气排除；耐化学腐蚀、耐根系穿透与耐老化，使用寿命长。

（2）氯丁橡胶乙烯防水卷材。氯丁橡胶乙烯防水卷材是用增塑聚氯乙烯当作基料的塑性卷材，其延伸率与耐高低温性能较好，便于采用冷粘法进行施工。

（3）三元乙烯橡胶防水卷材。三元乙烯橡胶防水卷材具有良好的耐老化性能，优良的化学稳定性和耐候性。相较于氯丁橡胶和丁基橡胶，其耐臭氧性、耐热性与低温柔性更优良，且比塑料优越得多。除此之外，其还具备质量小、伸长率大、使用寿命长、耐强碱腐蚀、拉伸强度高等特点。

（4）氯丁橡胶卷材。除耐低温性能比较差外，氯丁橡胶卷材的其他性能基本类似于三元乙烯橡胶防水卷材，其具有高强度的拉伸性能，优良的耐油性、耐臭氧、耐候性与耐光性。

（5）氯化聚乙烯橡胶共混卷材。氯化聚乙烯橡胶共混卷材的特点是具有塑料的热塑性与橡胶弹性，弹性好、强度高、耐老化性好，还具有良好的耐低温性能与延伸性。卷材可用于多种胶粘剂黏结冷施工。

总体来说，合成高分子防水卷材具有较高的性能指标，如弹性与抗拉强度优良，使卷材较强适应于基层的变形；耐候性能优异，使卷材能在正常的维护条件下，使用寿命更长，可以使维修、翻新费用得到减少。

3. 合成高分子卷材的标记

类型代号、材质（简称或代号）、规格（长 × 宽 × 厚）为合成高分子卷材的标记顺序，并可以按照需要对标记内容进行增加。如长20m、宽1m、厚1.2mm的均质硫化型三元乙丙橡胶（EPDM）片材的标记内容为：JL1–EPDM—20000mm × 1000mm × 1.2mm。

4. 合成高分子卷材的构造

按照构造可以将合成高分子卷材分成均质片、复合片与点粘片。均质片指的是一种防水片材，其是用同一种或一组高分子材料作为主要材料，且各部位的截面材质均匀一致。复合片指的是用高分子合成材料作为主要材料，以复合织物等作为增强或保护层，用来对其尺寸的稳定性与力学特性进行改变，且各部位的截面结构均匀一致的防水卷材。点粘片指的是均质片材和织物等保护层多点黏在一起，黏结点均匀地分布在规定的区域内，并利用黏结点的间距，使其具备切向排水功能的防水片材。

（1）外观质量标准。片材表面应当保持平整，不可以存在对使用性能造成影响的杂质、机械损伤、折痕与异常黏附等现象。在对使用的前提不造成影响的情况下，片材表面的凹痕深度不可以大于片材厚度的 30%，树脂类片材不可以大于 5%；气泡深度不可以大于片材厚度的 30%，每 $1m^2$ 内不可以大于 $7mm^2$，且不得有气泡现象。

（2）当树脂类复合片材的整体厚度低于 1.0mm 时，扯断延伸率应当低于 50%，其他性能要达到规定值的 80%以上。对于 FF 类片材，因其聚酯胎上涂有三元乙丙橡胶，因此其扯断伸长率不可以低于 100%。

（3）片材试样的制备。将卷材的规格尺寸进行检测，合格后将其展平，静置 24h，然后按试验所需的足够长度裁取样本试样，裁取所需要的试片，试片距离卷材的边缘距离不可以小于 100mm。对复合片进行裁切时应当顺着织物的纹路，尽量不要对纤维造成破坏并使工作部分保证纤维的根数最多。

（4）组批及抽样。用同一品种、同一规格的 $5000m^2$ 片材（如日产量大于 $8000m^2$，则计 $8000m^2$）作为一批，随机抽取三卷随其规格尺寸与外观质量进行检验，在上述合格的样品中再进行随机抽取，选择足够的试样，对其物理性能进行检验。

①检验项目：按批量对规格尺寸、撕裂强度、外观质量、常温拉伸

强度、常温扯断伸长率、不透水性能、复合强度（FS2）、低温弯折进行出厂检验。

②判定规则：合格品指的是规格尺寸、外观质量与物理性能各项指标均与技术要求相符合的。如果物理性能有一项指标没有达到技术要求，应当另外取双倍样对该项进行复试，复试结果如果仍然没有达到要求，则该批产品为不合格品。

每一独立包装应当都具有合格证，并将其产品名称、产品标记、生产许可证编号、制造厂名、地址、生产日期、产品标准编号进行标注。

片材卷曲呈圆柱形，外用适用于材料包装。

贮存及运输时，应当注意保持包装的完整性，并放在干燥、通风的地方，贮存垛高应当低于或等于平放 5 个片材卷的高度。堆放时，应当将其放在干燥的水平地面上，避免受到阳光直射，不得将酸、碱、油类或有机溶剂等与其接触，且要与热源隔离。贮存期从生产日开始至少一年。

5. 合成高分子卷材的用途

三元乙丙橡胶适合用在耐久性、耐腐蚀性与适应变形要求高，一级与二级防水等级的屋面及地下防水工程，也适合用于受振动、容易变形的建筑工程防水，还可用于刚性保护层与倒置式屋面。

聚氯乙烯防水卷材适合用在工业及民用建筑的各种屋面与地下防水工程，也适合用在种植屋面。

氯化聚乙烯防水卷材适合用在工业及民用建筑的各种屋面与地下防水工程。

四、卷材胶粘剂、胶粘带

1. 卷材胶粘剂

卷材胶粘剂是用合成弹性体做基料，专门用于对高分子防水卷材进行冷黏结的胶粘剂。根据固化机理的不同，可以将高分子防水卷材胶粘剂分成单组分（Ⅰ型）、双组分（Ⅱ型）两种。根据施工部位的不同，可以将高分子防水卷材胶粘剂分成基底胶（J）、搭接胶（D）两大类。基底胶（J）指的是用来黏结卷材和防水基层的胶粘剂；搭接胶（D）指的是用来黏结卷材和卷材的胶粘剂。

对高分子卷材胶粘剂进行产标记时应按照下列顺序：名称、类型、品种、标准号。名称中要注明配套卷材的名称。例如，氯化聚乙烯防水卷材用单组分基底胶粘剂的正确标记是：氯化聚乙烯防水卷材胶粘剂JC863—2011–I—J。

将高分子卷材胶粘剂搅拌后，会成为均匀液体，没有杂质，没有凝胶或分散颗粒。

在选用胶粘剂时，对胶粘剂的性能要求有：和卷材的相容性；优良的黏结性能（卷材 – 卷材、卷材 – 基层）；优越的耐水性能、耐候性能（当卷材长期处于暴露或浸泡使用时，卷材接缝处不会发生渗漏）。

2. 丁基橡胶胶粘带

丁基橡胶胶粘带是用丁基橡胶、饱和聚异丁烯橡胶、卤化丁基橡胶等做主要原料制作而成的，是用来黏结和密封的弹塑性卷状胶粘带。

胶粘带所粘贴的材料被称作基材。用来保护胶粘带的材料被称作隔离纸。使用前，可以很容易地将隔离纸从胶粘带上揭下来。

丁基橡胶胶粘带的主要特点有黏结强度、抗拉强度高，有很好的弹性与延伸性，对于界面形变及开裂适应性强，而且还具有优良的耐化学性、耐腐蚀性和耐候性，有良好的防水性、密封性、耐低温性和追随性，尺寸的稳定性好，施工操作简单易学。

（1）丁基橡胶胶粘带的构造和分类。根据黏结面的不同，可以将丁基橡胶胶粘带分成单面胶粘带（代号 1）和双面胶粘带（代号 2）两种。根据覆面材料的不同，又可以将单面胶粘带产品分成单面铝箔覆面材料（代号 1L）、单面无纺布覆面材料（代号 1W）、单面其他覆面材料（代号 1Q）三种。双面胶粘带不可以外露使用。

丁基橡胶胶粘带产品根据用途的不同，可分为高分子防水卷材用（代号 R）、金属板屋面用（代号 M）。

通常情况下，丁基橡胶胶粘带的产品规格有：

①厚度：1.0mm、1.5mm、2.0mm；

②长度：10m、15m、20m。

③ 宽 度：15mm、20mm、30mm、40mm、50mm、60mm、80mm、100mm；

④供需双方可商定其他规格。

应按下列顺序对丁基橡胶胶粘带产品进行标记：名称、黏结面、覆面材料、用途、规格（厚度 - 宽度 - 长度）、标准号。

如厚度为 1.0mm、宽度为 30mm、长度为 20m 的金属板屋面用双面丁基橡胶防水密封胶粘带的正确标记是：丁基橡胶防水密封胶粘带 2M1.0—30—20JC/T942—2004。

（2）丁基橡胶胶粘带的外观和规格。丁基橡胶胶粘带要卷紧卷齐，可以在 5 ~ 35℃任一温度下展开，开卷时没有破损、粘连及脱落现象。丁基胶粘带表面要平整，没有团块、空洞、杂物、外伤和色差（丁基胶粘带的颜色和供需双方商定的样品颜色没有明显差异）。

3. 胶粘剂与胶粘带的用途

在新建工程的屋面防水施工、地下防水施工、结构施工缝的防水处理和高分子防水卷材搭接密封处理时，都会用到胶粘剂与胶粘带，有时也被用于地铁隧道等市政工程中的结构施工缝的密封防水处理。

丁基橡胶胶粘带常被用于阳光板、彩色压型板工程接缝处的防水、气密、减振。在钢结构施工中对接缝处进行防水密封处理时也会使用。复合铝箔的丁基胶带常被用于各种屋面、钢构、彩钢、防水卷材、PC板等会受到阳光照射的结构与材料的防水密封。

4. 胶粘剂、胶粘带的使用及储存的注意事项

选用防水卷材的胶粘剂与胶粘带时，应选用厂家配套的产品，或根据卷材生产厂家的指导来选用。

丁基胶粘带外包装上要具有下列标志：产品名称、商标、产品标记、生产厂名称、地址、数量、色别、生产日期、批号和保质期。

用纸箱对产品进行包装，胶粘带上下层之间要垫放隔离材料。除应有的标志外，包装箱上还要有防撞击、防雨、防日晒的标志，出厂包装箱要附有产品合格证。

产品在运输过程中要避免日晒雨淋或撞击、挤压包装，按非危险品来进行运输。应将产品存入库房，品种、规格不同的卷材胶粘剂、胶粘带，用密封桶或纸箱包装时要区分开；禁止接触酸、碱、油等有机溶剂，距发火装置 1m 以外，保持干燥清洁，存储室温为 -15 ~ 35℃；包装箱堆码层数最多为 4 层。产品从生产之日起，保质期至少一年。胶带应成卷放置，不要折叠，进行长久存放时需每季翻动一次。

最好用吊车来装卸输送带，并用带有横梁的索具平稳吊起，防止损坏带边，禁止野蛮装卸，那样容易造成松卷、甩套。

禁止将品种、规格、型号、强度、布层数不同的胶粘带连接（配组）在一起使用。

第三节　防水涂料

所谓防水涂料，就是在常温条件下呈无固定形状的黏稠液态高分子合成材料，经过涂布，通过溶剂的挥发或水分的蒸发或反应固化，基层表面会出现一层坚韧的防水涂膜，使表面与水隔绝，进而达到防水、防潮效果材料的通称。

一、防水涂料的基本性能

（1）在常温状态下，防水涂料以液态的形式存在，但在涂布固化以后，就可以形成没有接缝的防水涂膜。

（2）防水涂料尤其适合涂布在一些细部构造处，如立面、穿结构层管道、阴阳角、凸起物、狭窄场所等，防水涂料经过固化，会在这些复杂的部位表面形成一层完整的防水膜。

（3）涂抹固化防水涂料是冷作业，所以具有操作简便、劳动强度低的优点。

（4）固化后的涂膜防水层具有自重轻的特点，因此经常用于轻型薄壳等异形屋面。

（5）涂膜防水层耐水性好，耐候性好，耐酸碱特性好，而且延伸性能出色，可以满足基层局部变形的需要。

（6）基层裂缝、结构缝、管道根等处非常容易出现渗漏现象，所以要经常进行增强、补强、维修等处理，而加贴胎体增强材料就可以提高涂膜防水层的拉伸强度。

（7）通常防水涂膜都是由人工进行涂布，很难确保厚度均匀一致。因此，在涂布时一定要严格依据操作方法施工，要反复涂刷，以确保单位面积内用量达到最少使用量，保证涂膜防水层的质量。

（8）选择涂膜防水，可便于维修。

二、防水涂料的分类

1. 按涂料的不同液态类型分类

防水涂料按照其不同的液态类型可分为三类：溶剂型、水乳型和反应型。

（1）溶剂型。这种涂料里，高分子材料（主要成膜物质）会在有机溶剂中溶解，进而变成溶液，这种高分子材料会以分子的形态存在于溶液（涂料）里。

这种涂料的特性如下：溶剂挥发后，高分子物质分子链会发生接触、搭接等现象，进而结膜；涂料干燥速度快，结膜薄且密；生产工艺相对简单，涂料储存较稳定；属于易燃、易爆、有毒物品，生产、储存和利用时必须注意安全；因为它具有挥发快的特点，所以施工的时候会污染环境。

（2）水乳型。这种涂料里，高分子材料（主要成膜物质）会稳定地悬浮（不是溶解）在水里，进而变成乳液状涂料。这种高分子材料会以极微小颗粒（不是分子）的形态存在于水中。

这种涂料的特性如下：水分蒸发后，固体微粒会发生接近、接触、变形等现象，进而结膜；涂料干燥的速度相对较慢，和溶剂型涂料相比，一次成膜的致密性相对较低，通常不能在温度低于5℃的条件下施工；通常储存期不能高于半年；可以在较潮湿的基层上涂布；属于无毒、不燃物品，生产、储运、使用都相对安全；操作容易，不会污染环境；生产成本相对较低。

（3）反应型。这种涂料里，高分子材料（主要成膜物质）是以预聚物液态的形式存在的，大多是以双组分或单组分的形式构成涂料，溶剂含量极低。

这种涂料的特性如下：液态的高分子预聚物会和相应的物质产生化学反应，进而结膜；可以一次形成比较厚的涂膜，不会收缩，而且涂膜致密；为了确保质量，必须在现场进行准确配料，并搅拌均匀；价格相对较高。

2. 按涂料的不同组分分类

按照防水涂料的不同组分可以将其分成以下两类：单组分防水涂料、双组分防水涂料。

通常单组分防水涂料都是用铁桶或塑料桶封闭的，涂布前打开桶盖即可。但是因为涂料桶的容积较大，而且防水涂料中存在填充料，极易沉淀从而造成涂料不均质，所以应该在搅拌均匀后再涂布。这种防水涂料根据其不同的液体形态，还可以分成两种：溶剂型和水乳型。

双组分防水涂料中都有两个包，在涂布前要先将这两个包中的组分混合均匀。在混合前必须先均匀搅拌每份涂料。这种涂料是反应型的。

3. 按涂料主要成膜物质的不同分类

按照构成涂料主要成分的差异可以将其分为四大类：高聚物改性沥

青类（又可以细分成水乳型、溶剂型）、沥青类、合成高分子类（又可以细分成树脂类、合成橡胶类）以及水泥类，如图 3-1 所示。

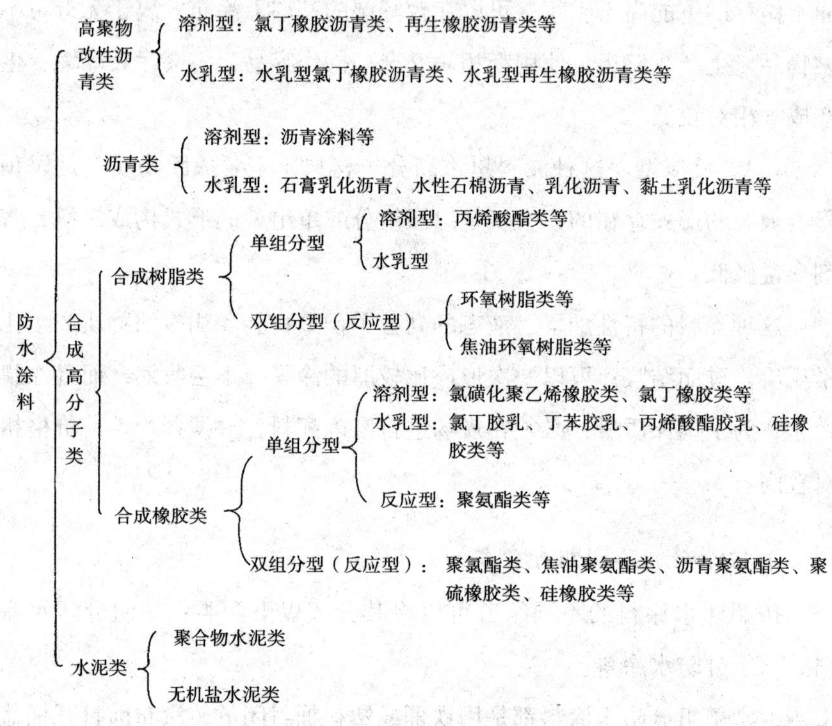

图 3-1　防水涂料的分类

其中，沥青类是厚质涂料，它是以乳化剂配制而成的乳化沥青和填料构成的，它的低温柔性、抗裂性都不强，因此现在已经很少应用于防水工程。

高聚物改性沥青类又叫作橡胶沥青类，它的基料是由化学乳化剂配制而成的乳化沥青，并且掺入了氯丁橡胶或者再生橡胶水乳液，这种防水涂料是低档水平的涂料，因为有些企业经常随便改动改性材料的配方，因此存在产品性能不稳、品质下降等现象，而这些很难从表面上看出来，所以必须严格按照相关标准进行检查。

第四节 刚性防水材料

所谓刚性防水材料就是用水泥、砂、石做原料或添加少量外加剂、高分子聚合物等材料，然后对水泥砂浆和混凝土的配合比进行合理调整，以减少、抑制孔隙率，进而改善孔隙结构特征，提高各种材料界面之间的密实性等方法，配成的一种可以抗渗的水泥砂浆、混凝土类的防水材料。

胶凝材料、外加剂、金属材料、集料、块体材料以及粉状憎水材料等都是刚性防水层的主要材料。

（1）通常胶凝材料就是水泥或者膨胀水泥，它的作用是在空气中和水发生硬化，使砂、石子等材料牢牢地结合在一起，不断提高混凝土（或砂浆）强度。膨胀水泥会让混凝土在硬化的时候发生适度的膨胀。

（2）为了提高混凝土的性能，在拌混凝土的时候要添加适量外加剂（包括防水剂、减水剂和膨胀剂等）。

（3）金属材料主要包括钢筋、钢丝和钢纤维等，它主要是用来提高混凝土上层防水层的刚度以及整体性，以改善防水层混凝土强度，避免出现细微的裂缝，增强抗裂性能。

（4）集料（砂、石子）主要是起骨架的作用，提高混凝土的体积稳定性、耐久性，以达到节省水泥、降低成本的目的。

（5）块体材料（包括黏土砖以及保温、防水块体等）会和防水砂浆形成一层防水薄壳面层。

（6）粉状憎水材料（包括防水粉等）用来做防水层，以达到防水、隔热、保温的效果。

一、防水混凝土

防水混凝土是一种不透水性混凝土，它主要是通过调整混凝土的配合比、添加外加剂或选择新品种的水泥等办法来达到改善自身密实性、憎水性、抗渗性，使其抗渗压力高于 0.6MPa 的目的。

防水混凝土既有防水功能，又有承重功能，而且可以节省材料，提高施工速度。防水混凝土取材广泛，成本低；在结构物造型复杂的时候，具有施工简单、防水性能高的优点；渗漏水的时候便于检查和修补；耐久性强；可以改善劳动环境。

防水混凝土一共可以分为三大类，分别是普通防水混凝土、外加剂防水混凝土以及膨胀剂防水混凝土。

二、防水砂浆

防水砂浆是一种刚性防水材料，它主要是通过严格的操作，添加适当的防水剂和高分子聚合物等材料，达到增强砂浆密实性、抗渗防水的效果。

相较于卷材、金属、混凝土等几种防水材料，防水砂浆防水具备以下优点：具有一定的防水功能，施工操作简便，造价低，容易修补等。但它很难达到防水工程设定的目标，原因是其韧性差，较脆，极限抗拉强度低，易随基层开裂而开裂。利用高分子聚合物材料制成聚合物改性砂浆来提高材料的抗拉强度和韧性是克服防水砂浆防水局限的一个主要手段。

在国外，掺入水泥砂浆、混凝土中的聚合物品种很多，主要有胶乳、液体树脂、水溶性聚合物等，这些聚合品种在市场上随处可见，它们是防水、防腐、黏结和抗磨的主要材料。

在国内，掺入水及砂浆和混凝土中的聚合物品种主要有氯丁胶乳、天然胶乳、丁苯胶乳、氯偏胶乳、丙烯酸酯乳液以及有机硅乳液等聚合物，在地下工程防渗、防潮、船甲板敷层及某些有特殊气密性要求的工程中它们运用得很成功。

水泥砂浆防水层适用于结构刚度较大，建筑物变形较小，埋置深度不大，在使用时不会因结构沉降，温度、湿度变化以及受振动等产生有害裂缝的地面及地下防水工程。只有聚合物防水砂浆能够应用到长期受冲击荷载和较大振动作用下的防水工程，和处在侵蚀性介质、100℃以上高温环境以及遭受反复冻融的砖砌工程。

采用防水砂浆做防水层，其基层要求须为混凝土或砖石砌体墙面，混凝土强度等级不应小于 C20。砖石结构的砌筑砂浆其强度等级是 M7.5 或高于 M7.5，基层应保持湿润、清洁、平整、坚实、粗糙。对于它的变形缝设置，如果当年平均温差不大于 15℃，一般建筑物的纵向变形缝间距应小于 30m。

通常将常用防水砂浆分为三种：多层抹面水泥砂浆、掺外加剂的防水砂浆和膨胀水泥与无收缩性水泥配制的防水砂浆。其中掺外加剂防水砂浆可分为掺无机盐类（氯化钙、氯化铝、氯化铁）防水砂浆、掺微膨胀剂（UEA、FS、AWA 等）补偿收缩水泥砂浆、掺聚合物（有机硅、丙烯酸酯共聚乳液、阳离子氯丁胶乳等）防水砂浆和掺纤维防水砂浆等品种。

防水砂浆按施工方法的不同可以分成两种：一种是利用高压喷枪机械施工的防水砂浆；另一种是大量应用人工抹压的防水砂浆，这种砂浆主要是通过依靠特定的施工工艺要求或在砂浆中掺入某种防水剂来提高水泥砂浆的密实性或改善砂浆的抗裂性来实现防水目的。

三、瓦类防水材料

1. 烧结瓦

烧结瓦是一种以黏土或其他无机非金属为原料，经过成型、烧结等工艺制成的，用来覆盖、装饰建筑物屋面的一种板状或块状的烧结制品。在给烧结瓦分类或命名的时候，一般都是以它们的形状、表面状态和吸水率为依据的。例如，根据烧结瓦的吸水率，可以将其分成四类：Ⅰ类瓦(≤6%)、Ⅱ类瓦(6%~10%)、Ⅲ类瓦(10%~18%)和青瓦(≤21%)。

烧结瓦的产品主要有以下几种规格：平瓦尺寸400mm×240mm、360mm×220mm，厚度为10~20mm；三曲瓦、双筒瓦、鱼鳞瓦、牛舌瓦：300mm×200mm、150mm×150mm，厚度为8~12mm；脊瓦总长≥300mm、宽≥180mm，厚度为10~20mm；J形瓦、S形瓦：320mm×320mm、250mm×250mm，厚度为12~20mm；板瓦、筒瓦、滴水瓦、沟头瓦：430mm×350mm、110mm×50mm，厚度为8~16mm；波形瓦：420mm×330mm，厚度为12~20mm。

检验烧结瓦主要是检验其耐急冷急热性、抗冻性能、吸水率以及抗渗性能四种。

2. 混凝土瓦

混凝土瓦就是以水泥、集料、水作为主要原料，通过拌合、挤压等成型方法制成的瓦类防水材料。根据瓦的铺设部位，可以将混凝土瓦分成混凝土屋面瓦、混凝土配件瓦（配件瓦的种类和烧结瓦一致）两种；根据瓦的搭接方式，可以将混凝土瓦分成筋槽屋面瓦（瓦的正面与背面相接的侧面设有嵌合边筋、凹槽）、无筋槽屋面瓦（通常表面是平的，而且横向或纵向是拱形，上面有或规则或不规则的前沿）两种；根据瓦的颜色，可以将混凝土瓦分成素瓦、彩瓦两种，其中彩瓦又可以分成表面着色、通体着色两种。

混凝土瓦主要是检验其质量标准差、抗渗性能、抗冻性能以及承载力。

3. 玻纤胎沥青瓦

沥青瓦是一种新型屋面材料，主要应用于建筑屋面防水，可以用于坡度为 0° ~ 90° 的屋面以及所有形状的屋面。玻纤胎沥青瓦就是将玻璃纤维毡涂上优质石油沥青，使其一面被彩色矿物粒料覆盖，一面撒上用隔离材料做成的瓦状屋面防水片材，这种防水瓦的特点如下：防水性能好、装饰功能好、色彩丰富、形式不一、质轻面细以及施工简单等。

玻纤胎沥青瓦主要是检验其拉力、柔度、可溶物含量、耐热度以及不透水性。

第五节 密封材料

所谓建筑密封材料，就是一种填充在建筑物的接缝、裂缝、门窗框、玻璃周围和管道接头或管道与其他结构的接头处，可以阻止介质透过渗漏通道，进而达到水密、气密性目的的材料。

建筑密封材料主要分成两种：高聚物改性沥青密封材料、高分子密封材料。

密封材料主要分成两大类：不定型密封材料、定型密封材料。其中不定型密封材料包括塑料密封胶、腻子以及弹性或弹塑性密封胶或嵌缝膏等，它们都是以膏糊状形态存在的。定型密封材料大多都依据其设计要求做成带状、条状或垫状。

一、不定型密封材料

1. 产品的标记、性能

不定型密封材料主要分成两大类：弹性密封胶、塑性密封胶。在防水工程里，不定型密封材料大多用在混凝土的接缝处。密封胶要严格根据下面的顺序进行标记：名称、品种、类型、级别、次级别、标准号。

密封胶不应该有结皮、气泡或凝胶，而应该是一种细腻、均匀的膏状物或黏稠的液体。供需双方要共同确定密封胶的适用期、表干时间指标。

2. 常用产品介绍

（1）聚氨酯建筑密封胶。这种密封胶是一种中高档的密封材料，是由异氰酸基做基料，并和含有活性氢化合物的固化剂一起构成的常温反应固化型弹性密封材料。

（2）聚硫建筑密封胶。这种密封胶是一种高档的密封材料，是以液态聚硫橡胶做主剂，并和金属过氧化物等发生硫化反应，在常温下制成的一种弹性体。在建筑工程里，现在双组分密封胶的使用最广泛。

（3）丙烯酸酯建筑密封胶。这种密封胶的胶粘剂是丙烯酸酯乳液，除此之外再加上一些表面活性剂、增塑剂、改性剂和填充料、颜料等就可以制成丙烯酸酯建筑密封胶。这种密封胶是单组分水乳型的。

（4）有机硅橡胶密封胶。现在这种密封胶经常用的是单组分。它是一种高档的密封材料，价格很高，具有很强的耐高温性、低温性，柔韧性以及耐疲劳性，它有优秀的黏结力、延伸率，而且耐腐蚀、耐老化，还能长时间保持弹性。

（5）改性石油沥青密封胶。这种密封胶具有黏结性、防水性好的优点，而且可以冷施工，非常便宜，没有特殊要求的屋面接缝密封防水以及防水层的收头处理等都会用这种密封胶。

二、定型密封材料

所谓定型密封材料，就是一种根据工程的不同要求做成的断面形状为带状、条状、垫状等的防水材料，专门用来处理建筑物、地下构筑物的各种接缝（例如，伸缩缝、施工缝和变形缝等），以实现止水、防水的效果。以下是对几种主要产品的介绍。

1. 止水带

通常，止水带可以分成三种：塑料止水带、橡胶止水带和复合止水带，它们的分类、特点和用途见表 3-6。

表 3-6　止水带的分类、特点和用途

种类	特点	用途和注意事项
塑料止水带	在聚氯乙烯树脂中加入增塑剂、稳定剂等助剂，经塑炼、造粒、挤出工艺加工而成。原料充足，成本低廉（仅为天然橡胶的 40%~50%），耐久性好，物理力学性能可以达到使用要求，可节约橡胶和紫铜片	用于工业及民用建筑的地下防水工程、涵洞、坝体、隧道、溢洪道、沟渠等变形缝防水 因为性能和施工效果较差，目前已较少采用
橡胶止水带	用天然橡胶、合成橡胶或优质高效配合剂做基料压制而成，具有较好的弹性、耐磨性和耐撕裂性，适应变形能力好，防水性能强，使用范围通常为 -40~40℃	适用于地下构筑物、小型水坝、贮水池、游泳池、屋面和其他建筑物及构筑物的变形缝防水。但当温度高于 50℃及受强烈的氧化作用或油类等有机溶剂侵蚀的条件下，不要采用
钢边橡胶止水带	由一段能够伸缩的橡胶与两边配有镀锌钢边组成。这类止水带基本上能克服橡胶止水带和混凝土黏附力较差、不适应大变形接缝的缺点。其本身有两种用途，能够延长渗水途径，减慢渗水速度，另外，镀锌钢边与混凝土还具有良好的黏结性，可使止水带承受较大的拉力与扭力	用途与一般橡胶止水带相同，最大可适用 90mm 的特大变形量 通常要求橡胶与钢边之间的粘合强度达 80~100N/2.5cm（剥离强度）

2. 遇水膨胀橡胶

遇水膨胀橡胶是一种用水溶性聚氨酯预聚体、丙烯酸钠高分子吸水性树脂等和合成橡胶（如天然橡胶、氯丁橡胶等）制成的遇水会发生膨胀的防水橡胶，它不仅有普通橡胶防水制品都具有的弹性密封性能，当这种橡胶遇到水的时候，还会发生膨胀，进而使其塑性增强，堵住混凝土的孔隙、裂缝，在膨胀倍率的范围内达到止水的效果。

遇水膨胀橡胶可分成两种：腻子型和制品型。当腻子型遇水膨胀橡胶遇到手压、拍打等外力作用的时候，它本来的外形会发生变化，并在吸水膨胀的时候增大部分塑性。制品型主要应用于建筑物的变形缝、施工缝和金属、混凝土等各种预制件的接缝防水；腻子型则主要应用于地下工程（如建筑工程、人防工程等）的接缝密封和防水。

3. 膨润土橡胶遇水膨胀止水条

这种止水条是一种柔软的、有一定弹性的匀质条状物，大多用在各种构筑物、隧道、建筑物、地下工程和水利工程的缝隙止水防渗中。

第六节　沥青材料

由于沥青在防水工程中占据重要地位，防水工人一定要对其功用特点和使用情况进行全面了解。

一、沥青材料特性

沥青是一种有机胶结材料。它由碳氢化合物的复杂混合物组成，富有黏结力，能与砖、石、混凝土、砂浆、木材和金属等材料黏结在一起。除此之外，沥青还具有良好的弹性和塑性，较强的防水能力、抗冷能力、流动能力、渗透能力和溶解能力。

沥青在常温下呈固体、半固体或液体状态，颜色呈辉亮的褐色以至黑色。沥青是沥青基防水材料和高聚物改性沥青防水材料的主要成分，防水、防潮和抗腐蚀能力强。

沥青材料的特性主要为以下几点：

（1）稠度。稠度是指沥青的软硬、稀稠程度。液体用黏滞度表示，半固体或固体状用针入度表示。

①黏滞度的特殊属性体现为它具备清晰地表现沥青材料内部阻碍其相对流动的能力。黏滞度常常以绝对黏度表示。

②针入度系标准针在规定条件下刺入沥青的深度，不仅可以反映沥青抵抗剪切变形能力的强弱，还可以显示其在一定条件下的相对黏度。

（2）黏结力。黏结力是指沥青的黏结能力。沥青的黏结能力较强，薄膜时黏结力更强。

（3）塑性。塑性即柔韧性。沥青膜的塑性会随着温度和沥青膜厚度的变化而变化。通常用延伸度（伸长度）来标记沥青的塑性。

将沥青制成8字形标准试件，在规定温度（25℃）和速度[（5±2）cm/min]下拉伸，沥青延伸度的衡量标准是它在断裂时的延伸长度的大小。

（4）温度稳定性。沥青液化成流动性膏状物时的温度即温度稳定性，它是衡量沥青温度敏感性强弱的重要标准，又称耐热性和软化点。软化点越高的沥青，沥青质含量高，稠度变化幅度较小，温度稳定性高，耐热性好。

我国在对软化点进行测量时经常用到的方法是环球法。置于肩或锥状黄铜环中两块水平沥青圆片，在加热介质中以一定速度加热，每块沥青片上置有一只钢球。所报告的软化点为当试样软化到使两个放在沥青上的钢球下落25mm距离时温度的平均值。

（5）大气稳定性。大气稳定性是指沥青在使用时间延长的情况下逐渐产生的抗老化的性能。

测定方法是将沥青置于烘箱中，在160℃下加热5h，待冷却后再测定其质量及针入度。蒸发损失是蒸发质量占原质量的百分数，蒸发后针入度比是蒸发后针入度占原针入度的百分比。蒸发损失百分数越小和蒸发后针入度比越大，则表示大气稳定性好或抗老化作用、耐久性好。

（6）防水性。沥青防水的原理是：沥青具有致密的结构，在水中不会溶解，能够黏附在矿物材料的表层。沥青具有良好的防水性能。

（7）闪点。闪点指沥青开始出现闪光现象的温度。在施工过程中，闪点发挥着重要作用，能够确保温度控制的要求。

二、沥青材料分类

沥青可分为地沥青和焦油沥青两大类。地沥青又分为石油沥青和天然沥青两种。

石油沥青是再加工产品，它产生的前提是从石油原油中提炼出汽油、煤油、润滑油和柴油。它的标号按针入度来划分。建筑防水工程多采用建筑 10 号、30 号的石油沥青和 60 号道路石油沥青或其熔合物。

天然沥青和石油沥青的性质大致相同，不过它是从砂岩中的沥青转化而来的。

焦油沥青俗称柏油，由于毒性较大，现在已很少使用。

三、沥青玛瑞脂

将滑石粉、云母粉、石棉粉、粉煤灰等作为填补材料放入沥青中制成的材料即沥青玛瑞脂，又名沥青胶，适用于黏结防水卷材、油地毡及各种墙面砖和地面砖等。根据冷热情况，可将沥青玛瑶脂分为冷沥青胶或冷玛瑶脂、热沥青胶或热玛瑶脂两大类，两者又均有石油沥青胶及煤沥青胶两类。石油沥青胶适用于黏结石油沥青类卷材，煤沥青胶适用于粘贴煤沥青类卷材。

四、冷底子油

较小的油黏度和较强的渗透力使冷底子油能够在基层面上形成坚固的薄膜，使其具有憎水性，并能增强沥青胶与水泥砂浆找平层的黏结力。慢挥发性冷底子油以变干的时间较长（12 ~ 48h）而著称，它的主要合成材料是石油沥青、煤油和轻柴油；快挥发性冷底子油因为挥发时间短暂而著称，它的主要合成材料是石油沥青和汽油。冷底子油应现配现用，配制时，要掌握好温度，注意防火安全。

冷底子油的主要功用是在水泥砂浆或混凝土基层及金属表面打底，它可使基层表面与沥青胶、油膏、涂料等中间有一层胶质薄膜，提高胶结性能。石油沥青冷底子油的调制是用汽油和煤油做溶剂，而 30 号石油沥青和软煤沥青冷底子油的调制是采用快速挥发油做溶剂。

沥青冷底子油用于沥青基卷材。

焦油沥青冷底子油用于焦油沥青低温油毡。它是由 30% 的焦油沥青改性胶结料和 70% 的粗苯溶液混合配制而成的。

第七节 堵漏止水材料

一、堵漏材料

1. 硅酸钠防水剂

硅酸钠防水剂就是以硅酸钠（水玻璃）作为基料，添加矾、水后共同制成的一种快速堵漏的材料。经常用到的包括二矾、三矾、四矾、五矾防水剂和快燥精等。硅酸钠防水剂使用的范围非常广泛，将其与水泥搅拌在一起可以形成防水水泥胶浆，与混凝土搅拌在一起可以制成防水混凝土，但切忌将其与承重结构的混凝土搅拌在一起；硅酸钠防水剂取材广泛，而且便宜；凝固快，可迅速堵住渗水部位。为了适应不同的使用条件，可以适当调整水泥和五矾防水剂的比例，进而控制堵漏材料初凝、终凝的时间，当水泥和五矾防水剂的比例为1∶（0.5 ~ 0.6）的时候，它的初凝时间是90s。

快燥精是以硅酸钠（水玻璃）作为基料，添加适量的硫酸钠、荧光粉以及处理过的水制成的。同样可以通过调整快燥精和水泥的比例来控制快燥精水泥胶浆的凝固时间，当水泥和快燥精的比例为2∶1的时候，凝固时间低于1min；当水泥、水、快燥精的比例为10∶2∶3的时候，凝固时间低于5min。

硅酸钠防水剂主要用于地下室、水池等处的防水堵漏。

2. 无机高效防水粉

无机高效防水粉是一种既可以堵漏，又可以防水、防潮的水硬性无机胶凝材料。现在，国内流通着很多种无机高效防水粉，例如，堵漏能、堵漏停、确保时、堵漏灵以及防水宝等，不同产品的性能、功能存在很大的差异。通常无机高效防水粉堵漏材料初凝慢，终凝时间为 2.5 ~ 6h。较之硅酸钠防水剂，这种无机高效防水粉更适合用来抗渗、防潮。

无机高效防水粉具有无味、无毒、无污染、抗低寒、耐高温的优点，可用于潮湿的结构层，而且能很好地黏结砖、石、混凝土以及水泥砂浆等材料，可使其牢固地形成一个整体；它的使用范围极广，各种新旧建筑、地下工程、市政工程以及水利工程等都可以用它防水、防渗、堵漏；对于有些材料还可以添加一些颜料，制成一种彩色的无机防水抹灰材料，可用在内外墙的防水和装饰上。

3. 水泥类堵墙材料

高效无机防水粉是一种水泥类堵墙材料，以下是对其他几种堵墙材料的介绍。

（1）石膏 - 水泥堵墙材料。石膏是一种快速堵漏材料，它是由 42.5 级普通硅酸盐水泥和生石膏粉为原料制成的，它的初凝时间通常为 3 ~ 5min，相对较长。可以把生石膏粉置于明火炒熟，以使水泥与生石膏粉配成的拌合料可以保存更长时间。

（2）水泥 - 防水浆堵漏材料。水泥也是一种快速堵漏材料，它是由储存期在 3 个月以下的 42.5 级普通硅酸盐水泥和防水浆为原料制成的。其中防水浆是一种氯化物金属盐类防水剂，它的原料是氯化钙、氯化铝和水。在使用水泥的时候可以通过调整水的比例来控制其凝结时间，通常凝结时间为几分钟到几小时。

二、灌浆材料

1. 水泥浆材

水泥浆材是以42.5级以上的普通硅酸盐水泥和水为原料拌合而成的，它的优点是价格低廉、配制方便，然而性能一般，只能用于修补普通裂缝。

2. 水泥－水玻璃浆材

把水玻璃和水泥掺在一起就形成了水泥－水玻璃浆材，它是一种灌浆材料，具有凝固时间短的优点，但通过调节，可以使其凝固时间延长到几十分钟。虽然其效果略高于水泥浆材，然而其性能改进的幅度有限，所以它和水泥浆材都多用于修补普通的裂缝。

3. 丙烯酰胺类浆材

这种浆材属于化学灌浆材料，它是以丙烯酰胺为主剂，再添加适量交联剂、促进剂等形成的。它具有黏度低、可灌性好的优点，为了满足不同裂缝的需求，还可以调节其凝胶时间，它还有一定的抗酸碱性。它的缺点是强度不高，为了维持其堵漏性，必须将材料长时间放在潮湿的条件下，否则会有收缩的现象出现。

4. 环氧糖醛浆材

这种浆材也属于堵漏灌浆材料，它是以环氧树脂、糖醛为主剂，再添加适量促凝剂、固化剂等材料制成的。它的黏结力、化学稳定性都非常好，具有强度高、收缩小的优点，还能在室温条件下发生固化。现在我国主要采用的有两种：糖醛丙酮系环氧树脂灌浆材料以及环氧煤焦油灌浆材料。环氧糖醛浆材属于化学灌浆材料，它的黏度不高，可用于比较细的裂缝，可以在有水的环境中施工，综合性能相对较好，见表 3–7。

表 3–7　环氧糖醛浆材物理性能指标

项　目	性　能
外观	棕黄色透明液体
相对密度	1.60
黏度 (Pa · s)	$10\sim20\times10^{-3}$
固化时间 (h)	24~28
抗压强度 (MPa)	50~58
抗拉强度 (MPa)	8~16
与混凝土黏结强度 (MPa)，干粘	1.9~2.8
与混凝土黏结强度 (MPa)，湿粘	1.0~2.0

通过表 3–7 中环氧糖醛浆材的物理性可以知道，虽然这种灌浆材料能够在潮湿的基面上使用，但是黏结强度会下降很多，固化时间也会延长，所以一定要根据工程的要求具体选择。

5. 氰凝

我国很早以前就开发出氰凝这种化学灌浆材料了，它是通过多异氰酸酯、聚醚树脂发生反应后的材料做主剂，再添加一定的添加剂形成的。氰凝遇到水后会马上发生反应，浆液不会被稀释，也不会被水冲走，如果用压力把氰凝注入裂缝里，浆液会往周围渗透，进而达到阻漏的效果。氰凝固结体可以疏水，起到很好的阻隔水通路的作用，化学稳定性好，而且耐酸、盐、碱、有机溶剂。

6. 聚氨酯浆材

这种灌浆材可以被分成两种：弹性聚氨酯浆材和水溶性聚氨酯浆材。其中弹性聚氨酯灌浆材是一种具有弹性的浆液，它是多异氰酸酯和多元醇在室温条件下发生反应后形成的；而水溶性聚氨酯灌浆材属于单组分灌浆材料，它是以环氧乙烷或者环氧乙烷和环氧丙烷Ⅱ环共聚的聚醚为原料，再加上适量异氰酸酯共同配制而成的，它的特点是延展性好，而且弹性和耐低温性也比较优良，对于难以应付的大流量涌水、漏水或微渗水，都可以达到有效止水的目的。

聚氨酯浆材随着掺水量的增多，它的抗拉强度会下降，而断裂延伸率反而会上升。

水溶性聚氨酯浆材可以广泛应用于各类地下工程的内外墙面、地面以及其他地方变形缝的防水和堵漏。

在我国当下种类繁多的灌浆材料中，弹性聚氨脂浆材是比较理想的灌浆材料之一，它的弹性、强度、黏结力都非常优秀，而且能够在室温条件下发生固化，但价格比较昂贵。

弹性聚氨酯灌浆材料主要是用来解决变形缝以及反复变形的混凝土裂缝。

三、止水材料

止水材料就是用来处理建筑物或者地下构筑物中出现的接缝材料。止水材料主要有以下几种：止水带、遇水膨胀橡胶以及自粘性橡胶密封材料。

1. 止水带

止水带又可以分成以下几种：塑料止水带、橡胶止水带和复合止水带。

（1）塑料止水带。这种止水带具有耐久性好的优点，它的物理力学性能大致可以满足要求，而且加工原料广泛，成本低廉，在我国应用非常广泛，主要应用于工业和民用建筑的地下防水工程中，在水利、市政以及其他防水工程变形缝的防水中应用得也比较广泛。

（2）橡胶止水带。这种止水带具有弹性强、耐磨和耐撕裂的优点，而且适应变形能力强，和塑料止水带相比，它的伸长率、脆性温度、稳定性等特性都要更好，缺点是硬度和强度等较差。橡胶止水带现在在我国应用得也比较广泛，而且适用范围广，通常一些重要的工程都会选择使用橡胶止水带。这种止水带不仅可以用于工业和民用建筑的地下防水，水利、市政以及其他防水工程变形缝的防水，还可以用于屋面等建筑物、构筑物的变形缝的防水。但有一点需要注意，如果温度高于50℃或者受到强烈的氧化作用，再或者遭到油类等有机溶剂的腐蚀，就不能使用橡胶止水带。

（3）复合止水带。这种止水带大多用在大型工程的接缝中，如果一段复合止水带是由可以伸缩的橡胶型材料与两立面都镀锌的钢带构成的，那么它可以适应的最大变形量为90mm。复合止水带大多在修补市政工程、地下工程变形缝，结构接缝的防水或对管道接头进行防水密封时使用。

2. 遇水膨胀橡胶

我国现有的遇水膨胀橡胶主要分为两种：制品型和腻子型。它是以改性橡胶做基料，弹性、延伸性和抗压缩变形能力和普通橡胶一样；遇到水会发生膨胀，可以在不影响水质的情况下对膨胀率进行100%～500%范围内的调节；耐水性好，膨胀后不会对其弹性产生太大影响。

制品型遇水膨胀橡胶主要用在盾构施工法装配式衬砌接缝防水中、建筑物和构筑物的变形缝、施工缝以及金属、混凝土以及其他预制件的接缝防水中，除此之外，还可以用在现浇混凝土接缝的防水中。而腻子型遇水膨胀橡胶大多适用在现浇混凝土施工缝等的防水中。

第四章　屋面工程防水施工技术

第一节　屋面卷材防水施工

一、卷材防水施工条件

卷材防水层施工大多是露天作业，所以会在很大程度上受到气候的影响。施工期间的很多天气情况，如雨、雪、雾、霜、高温、低温、大风等都会在不同程度上影响防水层的质量，因此，在防水层施工的时候为了确保可以顺利施工以及施工的质量，一定要根据天气情况、气象预报合理施工。《屋面工程技术规范》（GB50345—2012）以及《地下工程防水技术规范》（GB50108—2008）都对此有所规定，在下雨天、下雪天以及风力大于等于五级的时候，不能再进行卷材防水层作业。施工时应达到的环境气温见表 4–1。

表 4–1　屋面保温层和防水层施工环境气温条件

项　目	施工环境气温
沥青防水卷材	最低温度为 5℃
高聚物改性沥青防水卷材	冷粘法最低温度为 5℃，热熔法最低为 −10℃
合成高分子防水卷材	冷粘法不低于 5℃，热风焊接法不低于 −10℃

（1）如果是雨、雪天气或估计在防水层施工的时候会下雨或下雪，就不要再进行防水层作业，否则已经铺好的防水层可能会受到破坏，失去防水作用。在施工的时候，如果碰到雨、雪天气，一定要将防护措施做好，用密封材料把已经铺好的防水层周边封固住，以防雨水侵入。

（2）如果是霜、雾天气或者空气湿度太大，则会加大基层的含水率，因此必须确保霜、雾退去，基层晒干的时候方可作业，不然会导致防水层和基层黏结不良或者起鼓的现象出现。

（3）只有在确保风力低于五级的时候才能作业，否则大风可能会把尘土或砂粒吹到基层，这既会影响黏结的效果，又容易使防水层被刺破。

（4）大气温度也会在很大程度上影响防水层的施工质量，因为防水材料品种很多，性能不一，施工的工艺、方法以及对气温的要求也不尽相同。如果气温太低，卷材和基层的黏结力就会受到影响，如果气温太高也不应进行作业，因为在这种情况下工人容易中暑。

二、屋面找平层施工

1. 水泥砂浆找平层施工

（1）将结构层、保温层上的松散杂物清理好，铲平基层表面黏着的灰渣等杂物，确保其不能影响到找平层的有效厚度。

（2）应该在确保处理好屋面的管根、变形缝和女儿墙根部后再进行大面积的找平层作业。

（3）在抹找平层水泥砂浆以前，还要在基层表面洒水，使其变得湿润，这样可以确保基层和找平层更好地结合，但切忌洒水过多，否则会影响找平层表面的施工环境。

（4）一定要确保找平层表面是平整的，最好选择 2m 长的直尺进行检查，找平层和直尺间的空隙必须低于 5mm，而且空隙还要变化平缓，每米最多有一个空隙。

（5）要以找平层的坡度要求为标准进行拉线找坡，通常按照 1 ~ 2mm 进行贴点标高（也就是贴灰饼）。一定要按照设计标准找准平屋面、檐口和天沟等地方找平层的坡度，不然会导致排水不畅或者积水现象的发生，最终造成卷材腐烂、渗水。

（6）在铺抹找平砂浆的时候，要先顺着流水方向冲筋，间距要控制在 1 ~ 2m 之间，还要设好找平层的分格缝，通常分格缝的宽度都是 20mm，而且分格缝还要和保温层相连，分格缝的间距不能超过 6m。

（7）水泥砂浆找平层要紧紧粘在基层上，不可以存在松动的现象，对施工技术的要求详见表 4–2。

表 4–2　水泥砂浆找平层施工技术要求

序号	项目	技术要求	备注
1	配合比	1∶2.5（水泥∶砂）体积比，水泥强度等级不低于 42.5 级	—
2	厚度（mm）	基层为整体现浇混凝土板：15~20 基层为整体材料保温层：20~25	—
3	坡度（%）	结构找坡：不应小于 3% 材料找坡：宜为 2% 天沟纵坡：不应小于 1%，沟底水落差不得超过 200mm	平屋顶
4	分格缝	位置：应留设在板端缝处 纵向间距：最大为 6m 横向间距：最大为 6m 缝宽：20mm	—
5	泛水处圆弧半径（mm）	当为高聚物改性沥青卷材时：50 当为合成高分子防水卷材时：20	—
6	表面平整度	用 2m 直尺检查，不应大于 5mm	—

续表

7	含水率	将 $1m^3$ 卷材平坦地干铺于找平层上，静置 3~4h，掀开检查，覆盖部位及卷材上没水印出现即可	—
8	表面质量	应平整、压光，不得有酥松、起砂、起皮现象及太大的裂缝	—

2. 沥青砂浆找平层施工

（1）基层处理和水泥砂浆找平层。

（2）涂刷基层处理剂。均匀地在干燥的基层上涂一层薄薄的冷底子油，要确保涂满，而且不能有气泡和空白。

（3）分格缝。安放分格缝小木方的方法参照水泥砂浆找平层的方法。纵横缝的间距要限制在 4m 以内。

（4）对施工技术的要求。沥青砂浆找平层的施工技术要求详见表 4–3。

表 4–3　沥青砂浆找平层的施工技术要求

序号	项目	技术要求	备注
1	配合比	质量比为 1∶8(沥青∶砂)	—
2	厚度（mm）	基层是整体混凝土：15~20	—
3	分格缝	基层是装配式混凝土板整体或板状材料保温层：20~25	—
4	坡度（%）	位置：尽量留设在板端缝处 纵向间距：不宜超过 4mm 横向间距：不宜超过 4mm 缝宽：20mm	平顶屋
5	泛水处圆弧半径（mm）		—
6	表面平整度		—

（5）铺沥青砂浆。通常沥青砂浆的摊铺温度都要控制在

150 ~ 160℃之间；如果环境温度低于 0℃，就要将沥青砂浆的摊铺温度提高到 170 ~ 1800℃范围内。成活温度要等于或高于 100℃。

铺设沥青砂浆的时候，每层的压实厚度都不能高于 30mm，虚铺厚度应该是压实厚度的 1.3 ~ 1.4 倍。在铺设以后，要立刻刮平砂浆，并且用平板振捣器碾压（也可以用火滚将表面振实）到表面平整、稳定，没有蜂窝、压痕，而且密度符合标准。对于碾压不到的角落，还要用热烙铁将其烫压平整。

在铺设沥青砂浆的时候，要一次性铺好，尽可能避免施工缝。如果不得不留，还要留斜槎，而且将其拍实。

（6）修补、养护。铺好以后，还要不时地进行检查，如果表面出现缺陷，如空鼓、脱落、裂缝等，要立刻铲除。在处理干净以后，涂一道热沥青，然后趁热用沥青砂浆补好压实。

在铺好沥青砂浆找平层后，最好当天就开始铺第一层卷材，如果条件不允许，也要用卷材盖好，否则可能会有雨水或潮气渗到沥青砂浆层里去。

3. 细石混凝土找平层施工

细石混凝土具有刚性好、强度大的优点，特别适合用在基层比较松软的保温层上或者结构层刚度比较差的装配式结构上，它的具体施工技术要求详见表 4–4。

表 4–4　细石混凝土找平层施工技术要求

序号	项目	技术要求	备注
1	混凝土强度	不宜低于 C20	—
2	厚度 (mm)	30~35（用在松散层面保温层上）	—

续表

3	坡度(%)	30~35(用在松散层面保温层上)	—
4	分格缝		—
5	泛水处圆弧半径(mm)		—
6	表面平整度		—
7	含水率	同水泥砂浆找平层	—
8	表面质量	要平整、压光，不可有酥松、起砂、起皮现象	—

三、屋面保温层施工

1. 松散材料保温层施工

（1）铺设松散材料保温层时，要确保基层是平整、干燥、清洁的，而且要没有裂缝、蜂窝。如果有木质结构和保温层接触，还要做好防腐措施。

（2）松散保温材料要分层铺设，而且要确保压实，铺设每层虚铺厚度的时间都要限制在150min以内，根据试验具体算出其压实程度和厚度，压实的厚度和设计的厚度可以有 ±5%的偏差，而且要限制在4mm以内。保温层的含水率要符合标准，如果不符合标准，要把材料或晾干或烘干。如果要使用锯木屑或者稻壳等有机材料的话，还要做好防腐措施。要根据胶结材料的差异确定松散材料保温层的含水率，但是必须符合规定。炉渣只能用作辅助材料，而且必须过筛。

（3）不能在压实的保温层上过车或堆放重物，施工人员应该穿软底的鞋。

（4）为了把握好铺设的厚度，还可以在屋面每间隔 1m 的地方放上与保温层厚度一样的木条当作标准。

（5）完成保温层作业后，要立刻进行下一道工序，即抹找平层以及防水层作业。如果施工期内可能会下雨，还要做好遮盖措施，以免被雨淋。

（6）铺抹找平层的时候，可以在松散保温层上盖好塑料膜或其他隔水物，这样可以避免砂浆中的水分被吸收，从而导致砂浆缺水、强度下降。在下雨天和风力超过五级的时候，不能铺松散保温层。

2. 板状保温层施工

（1）铺设板状材料保温层时，必须确保基层是平整、干燥、清洁的。搬运板状材料保温层的时候要轻拿轻放，而且不能堆得太高，否则可能会出现损伤断裂、缺棱掉角等现象发生，破坏外形的完整性。铺设的时候如果碰到损伤断裂、缺棱掉角的，要在锯平后再拼接使用。

（2）干铺的板状保温材料必须紧紧地靠在需要保温的基层表面，而且要确保铺平垫稳。如果是分层铺设，那么块体的上、下层接缝要错开一点，接缝处要用材质相同的碎屑填嵌密实。

（3）粘贴的板状保温材料要确保贴严、铺平。如果是分层铺设，那么板块的上、下层接缝要错开。板缝间或者缺角处要用碎屑和胶料的混合物填补严密。

（4）用玛瑞脂与其他胶结材料进行粘贴的时候，要在板状保温材料之间和基层之间涂上一层胶结材料，为了确保粘牢，一定要涂满。

（5）加热玛瑞脂的温度最高不能超过 240℃，使用时的温度最低不能低于 190℃；在使用水泥砂浆粘贴的时候，应该用保温灰浆将板间的缝隙填实，并且勾缝。通常保温灰浆的配合比（水泥、灰膏、同类保温材料的碎粒体积的比值）是 1∶1∶10。

（6）如果是干铺的保温层，施工的温度可以低于 0℃；如果使用的是沥青胶结材料粘贴的板状材料，施工的温度最低不能低于 -20℃；如果使用的是用水泥砂浆铺贴的板状材料，施工的温度最低不能低于 5℃。如果气温比上面要求的要低，必须采取保温措施。

3. 整体现浇保温层施工

（1）水泥膨胀蛭石和水泥膨胀珍珠岩保温层的施工。

①因为水泥膨胀蛭石和水泥膨胀珍珠岩不适合使用封闭式保温层，所以以后会慢慢被淘汰。在现在的条件下，在它们尚未被完全淘汰之前，应该采取排气措施，也就是使用排气屋面，让里面的水分穿过排气道排出排气孔，进而达到降低含水率以及提高保温性能、确保防水层使用质量的目的。排气道不仅要纵横贯通，而且要与排气孔、大气相连，还要根据基层的潮湿程度、屋面构造计算应该设多少排气孔，屋面面积平均每 36m^2 就要设一个排气孔，而且要把防水措施做好。

②如果水泥膨胀蛭石或水泥膨胀珍珠岩之间发生碰撞，则非常容易破碎，最终减弱它们的保温性能，所以最好不要进行机械搅拌，而要由人工搅拌。在搅拌的时候，要先把水泥和膨胀蛭石（珍珠岩）混匀，然后以水∶灰等于 1∶（1.55 ～ 1.7）的比例加水，搅拌至用手握成团后不会散开即可，并同时做好找平层，在此过程中应使用强度等级高于 42.5 级的水泥。

③在铺设之前，要在处理好的基层上浇适量水。还要根据试验来计算虚铺的具体厚度，通常虚铺的厚度约是设计厚度的 1.3 倍，在虚铺以后，要用木拍将其轻轻拍实抹平，并达到设计厚度。

④在将水泥膨胀蛭石、水泥膨胀珍珠岩压实抹平以后，要及时抹找平层（每铺好一段保温层后都要将这段找平层抹好）。这样一来，做好的找平层就不会开裂。

（2）整体沥青膨胀蛭石和沥青膨胀珍珠岩保温层的施工。

①加热、使用热沥青玛𤥂脂的温度参照熬制、使用石油沥青纸胎油毡的温度。沥青膨胀珍珠岩应选择 10 号建筑石油沥青。在铺设之前应该在 100 ~ 120℃的温度范围内对膨胀蛭石（膨胀珍珠岩）进行预热，使其变得干燥，这样对黏结有好处。

②搅拌沥青膨胀珍珠岩和沥青膨胀蛭石。因为热沥青玛𤥂脂和冷沥青玛𤥂脂的黏性很大，所以很难搅拌均匀，最好进行机械搅拌。应将其搅拌至色泽均匀，没有沥青团为止。

③沥青膨胀珍珠岩和沥青膨胀蛭石铺设的厚度。要根据试验具体计算其铺设压实的程度，铺设的厚度要与设计要求相符。在施工之前，应借助水平仪找好坡度，做上记号。铺设的时候要用铁滚子进行反复的滚压，直到与设计中的厚度一致为止。最后要用木抹子将其找平抹光，确保保温层表面的平整。

（3）硬泡聚氨酯保温层基层的施工。铺设硬泡聚氨酯保温层的时候，必须确保基层是干燥的，否则会有泡孔大、不匀称的现象出现，会降低其强度。如果基层表面的温度太低，可以先涂一层很薄的甲组涂料，然后再进行喷涂施工，以免其收缩。喷涂的时候一定要连续均匀。

四、卷材防水层施工

1. 防水卷材铺贴

（1）防水卷材铺贴方向。铺设的时候要根据屋面的坡度、屋面是不是会受到振动来确定屋面防水卷材的铺贴方向，当屋面坡度未达到3%时，应该使卷材和屋脊平行；当屋面坡度大于3%但小于5%的时候，卷材既可以平行于屋脊，又可以垂直于屋脊；当屋面坡度超过15%或者会受到振动的时候，卷材最好垂直于屋脊，如果是高聚物改性沥青或者合成高分子防水卷材，既可以平行于屋脊又可以垂直于屋脊，但要注意的是上、下层卷材不能垂直于屋脊。

上面这些关于屋面防水卷材铺贴方向的标准，是在考虑屋面防水的整体性和水密性，并兼顾操作可能的情况下说的，也就是铺贴后的屋面可以在最大限度内防渗漏。当屋面坡度低于15%时，应使卷材尽量平行于屋脊，这样的话一幅卷材就可以一铺到底，尽量减少卷材接头，屋顶的面积越大，对卷材的铺贴质量就越有利，可以在最大限度内发挥卷材的纵向抗拉强度，在一定程度上增强卷材屋面的抗裂能力；因为卷材的搭接缝垂直于屋顶的流水方向，卷材顺着流水的方向接头，这样接缝渗漏的可能性非常低。当屋面的坡度超过15%的时候，因为它的坡度比较陡，很难平行于屋脊铺贴，而且夏天沥青卷材可能会流淌，所以更应该使卷材垂直于屋脊，但高聚物改性沥青防水卷材、合成高分子防水卷材并不被这些影响。上、下层卷材绝对不能互相垂直，因为如果铺贴后卷材的重叠缝太多，铺贴不够平整，或者交叉处不够平整，发生渗漏的可能性会变得非常大。另外还要注意，如果确定卷材要平行于屋脊，卷材搭接的时候一定要顺着流水的方向，如果是垂直于屋脊的，卷材搭接一定要顺着主导风向。

（2）防水卷材的铺贴顺序。铺贴卷材应该遵守“先高后低、先远后近”的原则。也就是高跨低跨屋面，要先铺设高跨屋面，再铺设低跨屋面；如果是高度相等的大面积屋面，要从距离上料点比较远的地方往近处铺设，这样就可以避免施工人员施工或运输材料的时候破坏已经铺好的屋面防水层。

当大面积铺贴防水卷材的时候，要先处理好节点、排水集中部位以及附加层、增强层的铺设。这样既可以提高工效，又可以保证工程质量。例如，在节点部位填充密封材料，在分格缝处嵌填空铺条，以及铺设增强的涂料或者卷材层。如嵌填节点部位密封材料，分格缝的空铺条和增强的涂料或卷材层。从屋面的檐口、天沟以及其他最低标高处开始，慢慢往上铺设。特别是给天沟铺设卷材的时候，要顺着天沟的方向从水落口处朝分水线的方向铺贴。

在进行大面积屋面施工的时候，为了达到提高工作效率、加强施工管理的目的，可以依据屋顶的大小、形状，施工工艺的顺序以及操作人员的数量，是否熟练以及其他因素来分配流水施工段，要将施工段的界线安排在屋脊、天沟和变形缝等地方，然后根据操作要求、运输安排，确定最终每个施工段的施工顺序。

（3）防水卷材搭接方法和宽度要求。铺贴卷材要使用搭接法，要将叠层铺设的卷材、上下层和临近卷材的搭接缝错开一些。

在屋面工程里，如果搭接缝平行于屋脊，一定要顺着流水的方向搭接；如果搭接缝垂直于屋脊，要顺着主导风向搭接。如果各层卷材是叠层铺设的，天沟和屋面连接的地方应该选择叉接法搭接，搭接缝要错开；搭接缝应该位于屋面或者天沟侧面，而不能留在沟底。如果是坡度大于25%的拱形屋面或者天窗下的坡面，要尽可能地避免短边搭接，如果一定要进行短边搭接，搭接的地方应采取措施避免卷材下滑。如果要预留凹槽，应将卷材嵌入凹槽中，而且用压条固定密封。

如果选择的是高聚物改性沥青卷材或者合成高分子卷材，应该用与该种材性相容的密封材料将搭接缝封严，而且宽度最小不能小于10mm。

（4）防水卷材和基层的粘贴方法。卷材和基层的主要黏结方法有以下几种：满粘法、空铺法、点粘法以及条粘法。

①满粘法。满粘法就是在铺贴防水卷材的时候，在卷材与基层、卷材与卷材之间全部进行粘贴的施工方法。此方法主要应用于屋面结构变形和屋面面积都比较小，而且基层较干燥的情况下，在铺贴立面卷材和大坡面卷材的时候也会用到这种方法。满粘法具有防水效果好的优点，缺点是如果屋面变形较大或者基层不干燥，卷材防水层出现开裂或起鼓现象的可能性非常大。

②空铺法。空铺法就是在铺贴防水卷材的时候，卷材只粘贴在四周不小于 800mm 的基层上，而其他部分不黏结卷材的施工方法。此方法主要应用于基层潮湿，保温层、找平层很难变得干燥的情况。空铺法不适于在沿海大风地区使用，否则大风容易将卷材掀起。此方法的优点是基层变形对防水层的影响较小，很少出现防水层开裂和起鼓等现象，但是因为没有铺设胶结材料，所以防水功能被削弱，一旦出现渗漏，很难发现漏点。

③点粘法。点粘法就是在铺贴防水卷材的时候，将卷材（或打孔卷材）以点状粘在基层上的方法。此方法要求每 $1m^2$ 至少黏结 5 个面积为 100×100（mm^2）的点。点粘法主要应用于不能通过留槽排汽的方法解决防水层开裂或起鼓现象的无保温层屋面，另外，温差较大而且基层非常潮湿的排汽屋面也经常采用点粘法。点粘法的缺点是施工麻烦。

④条粘法。条粘法就是在铺贴防水卷材的时候，将卷材以条状粘贴在基层上的施工方法。此方法要求每幅卷材至少通过两条宽度大于 150mm 的黏结面粘在基层上。条粘法的适用范围与点粘法相同。

需要注意的是，空铺法、点粘法和条粘法大多用在排汽屋面底层卷材和基层粘贴，在施工的时候，檐口、屋脊、屋面转角处和突出屋面的连接处依然应该用满粘法，而且粘贴宽度最少不能小于800mm。另外，卷材之间也要使用满粘法。

（5）细部构造、附加增强层以及卷材铺贴要求。

①檐口。把铺贴到檐口端头的卷材裁好，然后压到凹槽里，用密封材料把凹槽嵌填密实。如果是用压条（如20mm宽的薄钢板等）或带垫片的钉子固定，应把钉子敲到凹槽里，而且要用密封材料把钉帽和卷材的端头封严。

②天沟、檐沟和水落口。在铺天沟和檐沟卷材之前，要对水落口实施密封处理。在设水落口杯的时候，要用密封材料把水落口杯和竖管承插口之间的缝隙嵌填密实，否则在下暴雨的时候可能会出现倒灌水的现象。在四周距离水落口250mm的范围内，要涂刷防水涂料或密封材料，以此作为附加增强层，厚度至少为2mm，为了达到涂层的厚度要求，涂刷的时候要根据防水材料的不同种类，确定涂刷遍数。水落口杯和基层接触的地方要有宽和深分别为10mm的凹槽，并将密封材料嵌填在槽内。

由于天沟和檐沟的水流量比较大，防水层受到雨水冲刷、浸泡的概率高，所以，要将天沟和檐沟的转角处用密封材料进行涂封，每边的宽度都不能小于30mm，等干燥后还要铺上一层卷材或涂刷涂料，当作附加增强层。

铺贴天沟、檐沟卷材的时候要从沟底开始，铺贴顺天沟的卷材时要从水落口铺向分水岭，铺的时候还要用刮板从沟底中心往两边刮压，以达到去除气泡以及将卷材铺贴平整、密实的效果。如果沟底太宽，会出现纵向搭接缝，必须用密封材料对其进行封口。铺到水落口的各层卷材以及附加增强层都要粘贴在杯口上，而且要用雨水罩的底盘把它压紧，底盘和卷材之间要通过满涂胶结材料的方法黏结好，并将密封材料填封到底盘附近。

③泛水和卷材收头。泛水常设在屋面的转角和立墙处。这些地方结构变形大，而且经常受到太阳曝晒，为了使接头部位防水层的耐久性更好，通常要在这些地方设附加增强层，再铺一层卷材，或再涂刷一遍涂料。在给泛水部位铺贴卷材之前，要先试铺，留足立面卷材长度，要先将平面卷材一直铺到转角处，然后自下而上铺贴立面卷材。如果先铺立面卷材的话，因为卷材的自重作用，会导致立面卷材张拉太紧，在使用的时候容易出现翘边、空鼓和脱落等现象。在铺贴完卷材后，还要把端头裁齐。如果预留凹槽收头，要把端头都压到凹槽里去，并用压条钉压平，然后用密封材料封严，最后将封凹槽用水泥砂浆抹好即可。如果不能预留凹槽，要先把卷材端头用带有垫片的钉子（也可以用金属压条）固定在墙面上，然后用密封材料封严，再用压条钉压在金属或合成高分子卷材条上做盖板，用密封材料把盖板和立墙封固，也可以通过聚合物水泥砂浆把端头完全埋压好。

④变形缝。对于屋面变形缝处附加墙和屋面交接处的泛水部位，最好率先把附加增强层做好，然后把接缝两侧的卷材防水层一直铺贴到缝边，进而将直径比缝宽大一点的衬垫材料（例如，聚苯乙烯泡沫塑料棒或聚苯乙烯泡沫板等）填嵌在缝中。在砌筑附加墙之前，还要用可伸缩卷材或金属板将缝口盖好，以免其掉落。砌好附加墙以后，要把衬垫材料填到缝内。在完成衬垫材料的填嵌工作后，要将盖缝卷材铺贴在变形缝上，而且要一直铺贴到附加墙立面。在立面上要通过满粘法铺贴卷材，铺贴宽度要大于等于 100mm。卷材和附加墙顶面之间要黏结好，以增强卷材适应变形的能力。对于高低跨变形缝处，要把低跨的卷材防水层一直铺到附加墙顶面的缝边，在高跨外墙面、低跨附加墙的立面上分别用带有垫片的钉子固定金属卷材（或者合成高分子卷材）盖板的上、下两端，还要用密封材料把盖板两端和钉帽封严。

⑤排气孔和伸出屋面管道。在排气孔和屋面交角处铺贴卷材的方法类似在立墙、屋面转角处铺贴卷材的方法，不同之处在于流水方向不能有逆差，应该在排气孔阴角处的卷材上增加附加增强层，确保上部剪口可以交叉贴实，也可以用涂刷涂料的方法增强。给伸出屋面的管道铺贴卷材的方法与给排气孔铺贴卷材相似，要多铺两层附加层。在铺贴好防水层以后，要用细铁丝将其上端扎紧，然后用密封材料进行密封，也可以通过焊薄钢板泛水的方法加以增强。附加层卷材的具体裁剪方法与水落口相同。

⑥阴阳角（通过涂抹涂料增强）。在给阴阳角的基层涂上胶以后必须涂密封膏，涂的宽度为每边距转角100mm，再多铺设一层卷材附加层。在铺贴以后，要用密封膏将剪缝处封固。

⑦从高跨屋面朝低跨屋面自由排水的低跨屋面。经常受到雨水冲刷的地方要用满粘法进行铺贴，而且要加铺一层整幅的卷材，然后浇抹一层宽度和厚度分别为300 ~ 500mm、30mm的水泥砂浆（也可以用块材代替）增强保护。如果是有组织排水，还要在水落管下设钢筋混凝土簸箕，然后坐浆放稳。

⑧板缝缓冲层。为了防止因基层变形导致卷材防水层拉裂的情况，在没有保温层的装配式屋面上铺设卷材的时候，应先将宽300mm的卷材条干铺在屋架、梁或者内承重墙的屋面板端缝上做缓冲层。为确保干铺卷材条的位置可以得到固定，可以把干铺的卷材条的一边点粘在基层表面，距离檐口处500mm以内的地方要用胶结材料粘紧。

2. 防水卷材施工

（1）热沥青胶（玛琋脂）粘贴法。热沥青胶（玛琋脂）粘贴法又被称为热法施工，它的具体工艺流程是：先烧涂沥青胶，然后铺贴油毡，最后收边滚压。

①浇涂沥青胶。

a. 涂刷法：通过长柄棕刷在基层上均匀地涂上一层沥青胶，长度最好控制在 300 ~ 500mm 以内，宽度要比卷材稍宽一些，然后立即进行卷材铺贴。涂刷的时候，不应该反复在同一个地方涂刷，也不应该拖延时间，否则沥青胶会迅速冷却，对黏结质量造成影响。

b. 浇油法：在铺贴卷材之前，要用带嘴的油壶来回在沥青胶上浇油，浇油的宽度每边应比卷材窄 10 ~ 20mm。浇油量要以铺贴卷材后贴面会涂满沥青胶，而且两边稍微溢出、粘实为准。如果浇油太少，卷材不易粘牢；反之，油会流淌，而且卷材会滑移。通常应将浇油的厚度控制如下：每层热沥青胶应该是 1 ~ 1.5mm，面层热沥青胶应该是 2 ~ 3mm。

②铺贴油毡。铺贴油毡时应双手将其按住，然后用力均匀地往前推滚，让油毡可以和下层紧紧粘在一起。在铺的时候要防止铺斜、扭曲或者没有粘上沥青胶的情况出现。如果没太多铺贴油毡的经验，为了防止铺斜等状况出现，可以先在基层或下层的油毡上弹好灰线，然后按着灰线铺贴。

③收边滚压。在推铺油毡的时候，一旦有沥青胶从毡边挤出去，要立刻由其他人员刮去沥青胶，并紧紧压住毡边，使其粘牢，并刮平、赶走气泡。如果有黏结不良的情况出现，可以用小刀划破油毡，然后用沥青胶贴紧、封死并赶平，最后在缝上贴一块油毡即可。

（2）冷沥青胶（玛瑞脂）粘贴法。冷沥青胶（玛瑞脂）粘贴法又被称作冷法施工，它的操作工艺、要求大致与热沥青胶（玛瑞脂）粘贴法一样，不同的是它们的施工环境，通常这种粘贴法只能在夏天使用。如果温度低于 5℃，就要将沥青胶加热至 60 ~ 70℃，在使用之前还要进行搅拌。

冷法施工应该采用刷油法。将沥青胶涂刷在基层上以后，可以在

10 ~ 30min 以后铺设卷材，但切忌迟于 45min。当铺好一层卷材后，要每 5 ~ 8h 对其进行按压或滚压，按照这种方法继续铺贴第二层、第三层。如果是在冬天施工，应该随刷随贴，不然沥青胶会迅速变稠，不能再粘贴。冷法施工的其他操作要求参照热法施工。

防水层做完后要进行蓄水试验，蓄水的高度要高于 50mm，蓄水的时间应超过 24h。在确定防水层合格后，方可继续进行保护层施工。

（3）热熔法施工。

①滚铺法。

a. 固定端部卷材。把成卷的卷材搬至开始铺贴的地方，先展开约 1m 长，对准长、短向的搭接缝，一人站在卷材正侧面，拉起展开的端部卷材，另一人拿着喷枪站在卷材背面（也就是待加热底面），慢慢地开启喷枪开关（开得要小一点），在喷枪发出燃料气喷出的嗞嗞声时，点燃火焰（负责点火的人切忌正对喷头，要站在喷头侧后方），然后调节开关，当火焰为蓝色的时候即可开始施工。操作的时候，要先用喷枪对着卷材和基面的交接处，一起加热卷材底面的粘胶层、基层。与此同时，负责提卷材端头的工人要稍微将卷材往前倾，而且缓缓放下卷材，将其平铺在设计中的基层上。还要有一人用手持压辊进行排气，确保卷材可以熔黏在基层上。

b. 火焰加热的时候一定要做到均匀、充分、适度。

第一，必须加热均匀。操作的时候，不要让火焰在一个地方停留太长时间，要沿着卷材宽度的方向缓慢移动，让卷材可以横向地均匀受热。如果移动的速度太慢，在后加热的地方达到要求的时候，以前加热的地方早已冷却失去黏性，特别是在低温条件下，经常会出现这样的情况。第二，必须确保充分加热。如果加热时的温度太低，黏结胶就不会完全熔化，会失去黏性或者黏性变差；如果火力太大，热熔胶会被烧焦，进而导致黏性下降或消失，甚至会将卷材烧坏、烧穿。第三，一定要掌握好加热程度。要将热熔胶加热到出现黑色的光泽（这时沥青的温度在200 ~ 230℃范围内）、发亮而且出现微泡现象，但千万不能出现大量气泡，加热时必须注意这一点。

c. 持枪的工人一定要密切注意喷枪头位置、火陷方向以及操作手势。喷枪头和卷材面应该保持 50 ~ 100mm 的距离，还要和基层保持 30° ~ 50° 的角度，火焰要正对卷材、基层交接的地方，要使卷材胶粘剂和基层面同时受热。如果基层不受热，熔化的胶粘剂只要碰到基层就会迅速冷却，对卷材和基层的黏结造成影响。采用滚铺法施工的时候，如果火焰过高，不但会影响加热，还会让推滚人员因为闷热、呼吸困难而不能认真操作，甚至可能会将推滚人员烧伤。火焰也不能过低，过低的话就会将太多火焰用在加热基层面上，这样会使热熔胶熔化得很慢，会因为施工速度减慢而造成燃料浪费。因此持枪工人一定要随时关注火焰喷射的方向、位置。

d. 卷材大面铺贴。端部卷材粘贴好以后，持枪人要立于卷材滚铺的正前方，用喷枪对准卷材与基面的交接处，使卷材和基面同时受热。条粘的时候只要对两个侧边进行加热即可，加热的宽度每边约为 150mm。这时负责推滚卷材的工人要蹲在已经完工的端部卷材上，等到加热充分的时候再慢慢推压卷材，同时要随时留意卷材搭接缝的宽度。另一人要紧跟在他后面，拿着棉纱团从中间往两边抹压卷材，把里面的气泡排出来，而且要用抹刀把流出来的热熔胶刮压抹平，另外，还要有一个人在距离熔黏位置 1 ~ 2m 的地方，用压辊将卷材压实。

e. 趁热推滚，排尽空气。在卷材已经粘贴好以后，要在卷材尚未僵硬之前，立刻进行滚压。如果滚压晚了，卷材变硬了，胶粘剂的黏性会减弱，很难压实牢固；相反，如果滚压得太早，卷材会因为过于柔软而被压破。滚压的时间要根据施工的环境和气候条件进行调节。如果气温高，卷材冷却得慢，应推迟滚压时间；如果气温低，卷材冷却得快，应提前滚压时间。在将卷材滚铺到距离末端1000mm的距离时，要根据前面讲过的固定端部卷材的方法来操作，一定要确保卷材已经粘贴牢固。除此之外，如果是用条粘法来铺贴卷材，不仅要使卷材两侧边受热，还要稍微加热一下中间部位，这样卷材会变软，从而比较容易铺贴在基层上，而且便于排除里面的空气。

f. 在进行滚铺法施工的时候，一定要使加热和推滚默契地配合，这是施工操作质量优良的关键。除此之外，操作人员在推滚的时候按压力度要适当，以确保可以使卷材紧紧粘在基层面上，并且将空气除尽。如果用力太大，容易把卷材压偏，或者难以推滚。

g. 当熔贴卷材的端头只有约30cm的时候，要在已经熔贴好的卷材上放隔热板，然后把卷材末端放在隔热板上。让卷材末端和剩下的基层在喷枪火焰的作用下受热，在充分受热后，将卷材粘贴在基层上并固定好即可。

②展铺法。展铺法就是先把卷材平铺在基层表面，然后沿着边缘掀起卷材，进行加热，使卷材和基层粘在一起。这种方法主要用在条粘法中，它的具体操作方法介绍如下：

a. 先将卷材在基面上铺好，对准搭接缝，然后按滚铺法的操作方法把端部卷材熔贴好。

b. 如果卷材不太平整，要用一根 ϕ30mm×1500mm的木棒把另一端（末端）的卷材卷起来，安排2～3个人把整幅卷材拉到没有皱折、波纹，可以平服地贴在基层上即可。在将长边搭接缝的弹线位置对好以后，要安排一人站在末端的卷材上进行临时固定，防止卷材回缩。将卷材拉直是为了避免卷材因发生皱折或者搭接位置偏离，导致相邻的两幅卷材不能均匀搭接，而且可以尽量地使卷材平服，减少空气。

c. 在把末端固定好以后，要从始端开始把卷材熔贴好。操作的时候，在距离始端 1500mm 左右的地方，手持喷枪的工人要把卷材边缘掀开 200mm（掀开的高度要以喷枪头容易将侧边卷材和胶粘剂喷热为准）高，再将喷枪头伸到侧边的底部，用大火使卷材边宽约 200mm 的底面胶及基面均匀受热，一边加热一边沿长向后退。另安排一名工人用棉纱团从中间往两边赶气泡，并把卷材抹压平整。最后还要有一个人在此人后面及时拿着手持压辊把卷材两边压实，用抹刀把溢出来的胶粘剂刮压平整。

d. 在两侧边仅有 1000mm 没有熔贴的时候，要参照滚铺法，将末端卷材熔贴好。如此一来，每幅卷材的长边和短边的四周都可以充分粘贴在展面的基层上。

③搭接缝施工。通常热熔卷材表面都会有一层防粘隔离层，假如让它一直待在搭接缝之间，会影响搭接黏结的效果。所以，要在它热熔黏结搭接缝以前，先用喷浆将下一层卷材表面的防粘隔离层烧熔。

a. 操作的时候，负责持枪的工人要拿好烫板柄，沿着搭接粉线朝后面移动，要使喷枪火焰和烫板同时移动，喷枪火焰要在卷材上方 50 ~ 100mm 处紧紧挨着烫板。要控制好喷枪的移动速度，恰好使隔离层熔去即可。在移动的时候，一定要避免火焰烧伤或者烫板把临近搭接处的卷材烫坏。除此之外，在加热的时候切忌用喷嘴直接接触卷材，因为这样很容易把卷材损坏或戳破。

b. 在滚压的时候，等到有热熔胶（胶粘剂）从搭接缝口挤出来的时候，要有收边人员手持棉纱团把卷材抹平，然后将热熔胶用抹灰刀刮平，将沿边封严即可。

c. 卷材短边的搭接缝，要把搭接缝用抹灰刀挑开，与此同时用汽油喷灯对其进行烘烤，等到搭接缝温度适宜的时候，用抹灰刀把从搭接缝流出来的热熔胶刮平、封严，会取得非常好的效果。

d. 在完成整个防水层的熔贴工作后，要用密封材料把全部搭接缝涂封严密。在这里可以选择的密封材料包括封口胶、冷玛琋脂、聚氯乙烯建筑防水接缝材料、建筑防水沥青嵌缝油膏等。接缝口涂抹的密封材料的宽度应大于等于 10mm，并使其出现鲜明的沥青条带。

e. 铺好防水层后要进行蓄水试验，方法如前，在确保合格以后方可按照设计要求施工保护层。

（4）冷粘法施工。所谓冷粘法铺贴高聚物改性沥青防水卷材，就是将高聚物改性沥青胶粘剂或者冷玛琋脂粘贴在已经涂上冷底子油的屋面基层上。

①涂刷基层处理剂。通常基层处理剂都是低黏度的聚氨酯涂膜防水材料，它是由甲料∶乙料∶二甲苯以 1∶1.5∶3 的比例配合而成的，使用的时候要用电动搅拌器将其搅拌均匀，然后用长把滚刷蘸满，将其均匀涂刷在基层上，涂刷后不可有白露底，将其晾 4h 以上后就可以继续下面的工作了；也可以用含固量为 40%、黏度为 0.01Pa · S、pH 值为 4 的阳离子氯丁胶乳做基层处理剂，用喷浆机将其薄厚均匀地喷涂在基层表面，等大约 12h 以后（根据温度和湿度具体确定时间），方可继续下面的工作。

②复杂部位增强处理。对于一些复杂部位，如阴阳角、水落口和通气孔根部等，最好选择聚氨酯涂膜防水材料或者常温下的自硫化的丁基橡胶胶粘带进行增强处理。

配制聚氨酯涂膜防水材料的时候，要先把甲料和乙料以 1∶1.5 的比例拌匀，然后均匀地涂抹在阴阳角、水落口等复杂部位的附近，涂刷宽度最窄不能窄于从中心算起的 250mm 左右，厚度要超过 2mm，在涂刷固化后等 24h 以后，方可继续下面的工作。

③涂刷基层胶粘剂。在打开盛有氯丁橡胶系胶粘剂（也可以使用其他基层胶粘剂）的铁桶后，通过手持电动搅拌器将其搅拌均匀，然后开始涂刷。

a. 在卷材表面涂刷：先把卷材平铺在一个平整、干净的基层上（要离铺贴位置近），用长柄滚刷均匀地将基层胶粘剂涂刷在卷材背面，既不可因为刷得太薄而露底，也不能因为刷得太多而聚胶。另外，不能在搭接缝处涂抹胶粘剂，因为后面要在此处涂刷接缝胶粘剂。涂刷完后，要静置 10 ~ 20min，等到用手接触基本不会粘手的时候，即可用纸筒芯把卷材卷好。打卷的时候，要注意不要混进砂粒、尘土等异物。

b. 在基层表面涂刷：用长柄滚刷蘸上基层胶粘剂，均匀地涂刷在基层表面（要事先将基层表面清理干净，并保持干燥）。涂刷的时候要均匀，不要在一个地方反复涂刷，否则可能会把底胶咬起。涂刷干燥 10 ~ 20min 后，用手接触基本不会粘手的时候，就可以开始铺贴卷材了。

④铺贴卷材。操作的时候，要把已经刷好基层胶粘剂的卷材抬起来，并翻转一下，先把一端和预定的部位粘在一起，然后沿着基准线继续粘贴。粘贴的时候，切忌拉伸卷材，要使卷材在拉伸到不松弛的情况下与基层粘在一起，然后使劲儿用压辊朝前面和两侧滚压，让防水卷材牢牢地粘在基层上。也可以将一根 ϕ 30mm × 1500mm 的铁管插在涂过基层胶粘剂的卷材圆筒里，铁管的两头分别由两人抬起来，把其中一端和基层粘起来，然后按照基准线往前滚铺。

在铺完一幅卷材的时候，要用干净、松软的长柄压辊在卷材上滚压，滚压的时候应横向从卷材的一端滚向另一端，以把里面的空气排出。在排出空气以后，要用外面包着橡胶的大压辊（通常重 30 ~ 40kg）滚压卷材的平面部分，使其紧紧粘合。滚压的时候，要从中间往两边滚，将里面的空气排尽。

对于平面和立面的交接处，要先把平面粘好，经转角，再从下向上粘贴卷材。粘贴的时候不要将卷材拉得太紧，要轻轻地沿着转角压好，然后再继续向上粘贴。滚压的顺序是从上往下，垂直面用手辊滚压，转角部位用扁平辊滚压。

⑤卷材接缝粘贴。在卷材防水工程中，搭接缝是一个薄弱的环节，一定要细心。施工的时候，要先顺着边沿在搭接部位上表面每隔 0.5 ~ 1m 的地方涂上适量接缝胶粘剂，在其大致变干以后，翻开搭接部位的卷材，临时固定好。然后，用油漆刷把已经配好的接缝胶粘剂均匀地涂在刚才翻开的两个黏结面上，通常涂胶量要限制在 0.5 ~ 0.8kg / m^2 范围内。干燥 20 ~ 30min、用手指触摸不粘手的时候，即可开始粘贴。粘贴的时候，要先从一端开始，在粘贴的同时要把里面的空气压出来，然后要立刻用手持压辊按顺序仔细压一遍，在此过程中要注意接缝处千万不能存在气泡或皱折。如果是三层重叠的接缝处，一定要用填充密封膏的方法进行封闭，以免它成为渗水路线。

⑥卷材末端的收头处理。因为卷材末端收头及搭接缝边缘很容易出现剥落、渗漏等现象，因此一定要用单组分氯磺化聚乙烯（也可以用聚氨酯密封膏）将卷材末端封闭严密，在收头处还要用水泥砂浆（掺有水泥用量 20% 的 108 胶）压缝。在铺贴完整个防水层以后，要用密封材料把全部卷材搭接缝边涂封严密，涂封宽度要大于等于 10mm。完成防水层这项工作后还要进行蓄水试验，方法如前。只有确保合格后方可按照设计要求继续下面的工作。

（5）自粘法施工。

①滚铺法。在铺贴大面积卷材的时候，撕隔离纸比较容易，所以最好选择滚铺法。滚铺法具有施工速度较快的优点，但是施工人员要操作熟练、配合默契。

a. 这种方法是一边撕隔离纸，一边铺贴卷材。在施工的时候，不要把整卷卷材都打开，而是要从卷材中间的纸芯筒处插进一根 ϕ30mm × 1500mm 的钢管，然后两人分别抬起其中一端，将其抬到待铺位置的开始处，先把卷材向前铺开 500mm 左右的距离，然后一人将铺开的卷材拉起来，一人开始撕隔离纸，把隔离纸折成条形（也可以把已经撕开的隔离纸撕断），再由两人分别抓住钢管的一端抬起卷材（抬得不要太高），按照已经弹好的粉线进行摆铺，与此同时要留意长、短方向的搭接，同时用手将其压实。

b. 固定好开始处的卷材后，负责撕隔离纸的工人要把已经撕下来的隔离纸拉出来（如果撕断就重新撕开）并用已经用过的包装纸芯卷好，然后慢慢撕开隔离纸，在往前移动的同时，负责抬卷材的人也要沿着搭接粉线把卷材往前滚铺。

c. 滚铺的时候，如果使用的是高聚物改性沥青防水卷材，一定要铺得稍紧一些，切忌太松弛；而如果使用的是高分子防水卷材，就要尽可能地自然松弛，但不能出现皱折。

d. 每将一幅卷材铺完后，就要立刻用长柄滚刷从开始端把卷材下的空气压出去，然后用大压辊把卷材压实平整，确定已经黏结牢固即可。

②抬铺法。抬铺法就是把需要铺贴的卷材剪好，然后将其反铺在屋面平面上，等到把所有隔离纸都撕掉以后再进行铺贴。

a. 首先，要以屋面的具体形状为依据对卷材进行剪裁。然后，撕隔离纸的时候要细心，为了避免隔离纸被撕断，已经撕开的隔离纸要和黏结面成 45°～60° 的角。最后，要把撕下来的隔离纸放在适当的地方，以防被风吹到已经撕去隔离纸的卷材胶结面上；如果不慎出现了这种情况，要立刻用密封材料进行涂盖。

b. 撕完隔离纸后，要使卷材黏结胶面朝外，让卷材沿着长向对折。

然后由两人分别站在卷材两端翻转卷材，翻转的时候，要一手拎着半幅卷材，一手慢慢把另外半幅卷材铺好。如果卷材太长，可以让 1 ~ 2 人在搭接边的一面给予帮助。在这全部过程中，所有操作工人都要用力均匀，配合默契。

c. 由于自粘型卷材和基层的黏结力比较弱，特别是在温度很低的情况下，如果是把卷材铺在立面或者坡度比较大的屋面上，很容易出现流坠下滑的现象。在这种环境下，应该用手持式汽油喷灯对卷材下面的胶粘剂进行适当的加热，然后再粘贴和滚压。等到卷材铺贴完毕后，要从中间往两边排气，然后用压辊进行滚压，以使其黏结牢固。

③搭接缝粘贴。在自粘型卷材的上表面都覆盖着一层防粘层（用聚乙烯等材料做成的薄膜），在铺贴以前，为了确保搭接缝可以粘紧，要先把相邻卷材待搭接处的防粘层熔化掉。操作的时候要用手持汽油喷灯沿着搭接粉线使搭接处的防粘层熔化。必须在大面卷材已经压实，里面的空气都排尽以后方可搭接卷材。在黏结搭接缝的时候，要把搭接处的卷材掀开，使上面的胶粘剂在扁头热风枪的作用下加热，并慢慢往前挪扁头热风枪。此人身后要另有一人手持面纱团从里往外排除空气，并将其抹压平整。最后再有一人用手持压辊对搭接处进行滚压，保证搭接缝非常密实。加热的时候应该特别留心加热的程度，要以压实后搭接边末端能稍稍挤出胶粘剂为度。在确保搭接缝已经非常密实以后，要用密封材料对全部搭接缝进行封边，封边宽度应大于等于 10mm，具体涂封量要根据材料说明书确定。处理三层重叠部位的方法参照卷材冷粘法的操作方法。

（6）热风焊接法施工。所谓热风焊接法，就是用热空气焊枪来搭接黏合防水卷材的操作工艺。

①基层处理。把找平层压光，将它的内外角都抹成弧形，确定其表

面非常干净，没有起砂、起灰等现象。

②细部处理。按照屋面规范要求来操作，要保证附加层的卷材牢牢粘在基层上。排汽口、水落口、上入孔以及其他特殊部位要事先预制成型，也可以进行现场制作，然后把它们装好粘紧。

③大面铺贴卷材。把卷材从上而下按照垂直于屋脊的方向铺好，必须确保搭接部位的尺寸非常准确，与此同时，还要把卷材下的空气压出来，切忌出现皱折的现象。如果是用空铺法铺贴，在大面积上（平均每$1m^2$都有五个点以胶粘剂和基层固定，每点胶粘的面积为$400cm^2$）、檐口、突出屋面的连接处（宽度不小于800mm）以及屋脊、屋面的转角处都要涂胶粘剂，使卷材可以固定在基层上。

④搭接缝焊接。如果卷材长边搭接缝和短边搭接缝的宽度都是50mm，可以选择单道缝式或者双道缝式焊接的方法。在进行焊接之前，要先清除掉复合无纺布，如果有必要的话，要用溶剂进行擦洗；焊接的时候，焊枪喷出的温度要以卷材热熔后用压辊滚压的时候可以压出熔浆为度，为了使经过焊接的卷材表面可以平整，要先对长边搭接缝进行焊接，再对短边搭接缝进行焊接。

⑤焊缝检查。如果使用双道焊缝，可选择用5号注射针连接压力表，把钩针扎在两个焊缝之间，然后用打气筒充气，直到压力表上升到0.15MPa的时候为止，假如压力保持的时间大于或等于1min，就证明焊接非常好；如果压力下降，就证明还有地方没有焊好，这时可在焊缝上涂肥皂水，如果出现气泡的话，就用焊枪或电烙铁进行补焊，直到没有漏气现象为止。除此之外，为了使操作得到改善，对于每个工作班和热压焊接机都要选择一个地方进行试样检查。

⑥机械固定。如果不通过涂抹胶粘剂的方式固定卷材，可以选择机械固定法。这种方法要沿着卷材之间的焊缝进行固定，

每隔 600 ~ 900mm 都要用冲击钻往卷材和基层中钻眼，并插入 ϕ60mm 塑料膨胀塞，然后以自攻螺丝加垫片进行固定，然后再用 ϕ100mm ~ ϕ150mm 的卷材焊接固定点，与此同时还要对固定点进行密封。或者把这个固定点置于下层卷材的焊缝边，在焊接上层和下层卷材的时候，把固定点包焊在里面。

⑦卷材收头处理。卷材铺贴工作完成，且已经通过试水试验后，要用 2.5mm × 25mm 的铝条对收头部位进行固定，并以密封膏封闭好。如果有留槽的地方，要把卷材弯到槽内，并加点固定，以密封膏封闭，然后用水泥砂浆将其抹平封死即可。

（7）卷材收头处理方法。常见的卷材收头处理方法详见表 4–5。

表 4–5 常见的卷材收头处理方法

收头形式	图示	做法要求
平面钉压收头	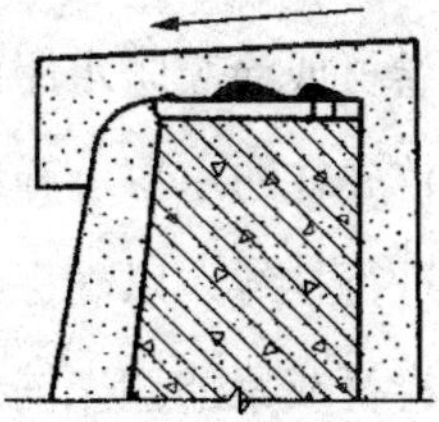	对天沟、檐沟处的防水卷材收头，可用水泥钉将卷材钉压于混凝土沟帮上面，再用密封材料封口，上面用水泥砂浆保护

五、屋面保护层施工

保护层主要是对卷材防水层起到保护，以免其受到雨水的直接冲刷及阳光的曝晒，以期延长防水层的使用寿命及降温的作用。完成卷材防水层施工后，经检验合格后便可进行保护层作业。根据使用材料可将保护层分为：铺砌板块保护层、架空隔热保护层、细石混凝土保护层、水泥砂浆保护层、绿豆砂保护层、浅色涂料保护层，以及云母粉、蛭石粉或细砂保护层等。保护层的材料与做法应当按照设计图纸的要求操作。

1. 铺砌板块保护层

适宜用在玻璃丝布卷材、再生胶卷材等防腐卷材施工的防水层。铺砌预制板块之前应当按照排水坡度要求挂线，以达到排水要求，并保证块体的铺砌整齐、平整。保护层和防水层之间要设置隔离层，以使防水层由于保护层伸缩变形所造成的影响得到减少。隔离层施工时应当选择纸筋灰、干铺卷材、麻刀灰、砂、低强度等级的砂浆。进行铺砌工作时，板块之间应当预留 10mm 的缝隙，1 ~ 2d 过后再使用 1∶2 水泥砂浆勾成凹缝。各板块保护层之间应当留设分格缝，且每个分格缝的间距应保持在 100m^2 以内，其位置尽量错开找平层分格缝，分格缝为 20mm 宽，用油膏等材料对其嵌封密实。

2. 架空隔热保护层

在南方地区，要求隔热的卷材或涂膜防水屋面可选用此种保护层。施工前应当按照架空板块大小首先在防水层上弹线确定支座部位，进行支座砌筑时应当按照排水坡度进行挂线，以确保支座与屋面的排水坡度相符，并应当在支座的下面用卷材或聚酯毡先铺放一层，起到对防水层起到保护作用。砌筑支座完成后宜立即铺设架空板，以保证架空板拥有足够的支承面积，并应当选用水泥砂浆将架空板板缝进行勾缝抹平。

3. 细石混凝土保护层

适宜用在上人屋面。细石混凝土保护层和防水层之间适宜留置隔离层（隔离材料做法与前面相同），并按照设计要求拉线进行支设分格缝木模，没有设计要求时每格的面积要小于或等于 36m^2，分格缝的宽度为 20mm。浇筑混凝土时，每个分格内的混凝土应当连续浇筑，不能留有施工缝。混凝土适宜选用铁辊滚压或人工拍实，不适宜选用机械振捣，以免对防水层造成破坏。拍实混凝土后要立即按照排水坡度用刮尺将其刮平，初凝前用木抹子进行提浆抹平，初凝后，及时将分格缝木模取出，终凝前用铁抹子进行收光。将细石混凝土保护层浇筑完成后应当及时进行养护，时间不可少于 7d。养护期满后，要将分格缝进行清理并晾干，最后用密封材料进行嵌填。

4. 水泥砂浆保护层

对于可以上人或不可以上人屋面的卷材及涂膜防水屋面可选用此种保护层。水泥砂浆保护层和防水层之间适宜设置隔离层（隔离材料做法与前面相同）。用水泥砂浆砌筑保护层时其体积配合比为 1∶2.5 ～ 1∶3。做保护层之前，应当按照结构情况每隔 4 ～ 6m 进行拉线，并用木条设置纵横分格缝。对水泥砂浆进行铺设时应当随铺随即将其拍实，并用刮尺将其刮平。保护层的表面应当保持平整，确保没有抹压痕迹或凹凸不平的现象出现。排水坡度应当与设计要求相符。用水泥砂浆对立面砌筑保护层时，应当预先将砂粒或小豆石粘贴在防水层表面上，然后再进行保护层施工。完成水泥砂浆保护层的施工后，应当及时对其进行养护。养护期满后要对分格缝进行清理，待干燥后用密封材料进行嵌填。

5. 绿豆砂保护层

绿豆砂的砂粒要均匀，应当选用色浅、耐风化、3 ～ 5mm 粒径的，并用水冲洗后晒干备用。使用绿豆砂时，应当预先加热铁板并保持其干燥，加热时温度为 100 ～ 130℃。然后用热沥青胶在卷材表面进行涂刷，厚度为 2 ～ 3mm，并趁热在上面均匀地撒布预热好的绿豆砂，边撒边用竹扫帚将其扫平，使其粒径一半左右嵌进沥青胶中，砂粒多余的部分应当扫除，不均匀的部分应当补撒。也可以使用小铁辊将其滚压一遍，使砂粒均匀地嵌入并固定在沥青胶中。

6. 浅色涂料保护层

适合用在卷材和涂膜防水层屋面。通常都是在现场进行配置保护层涂料，常用的有丙烯酸浅色涂料、铝基沥青悬浮液，或是将铝粉掺进涂料中的反射材料。当防水层完成养护后应当涂刷涂料，卷材防水层的养护要超过2d，涂膜防水层的养护应当超过7d。施工前应当保持防水层表面干净、没有杂物。涂刷方法和材料用量按照各种涂料的使用说明书进行操作。施工时应当均匀地进行涂刷，以防漏刷。操作两遍时，涂刷第二遍的方向要和第一遍相互垂直。由于铝基反光，施工人员应当佩戴墨镜，以防将眼睛刺伤。

7. 云母粉、蛭石粉或细砂保护层

适合用于非上人屋面涂膜防水层的保护层。应当选用干净、没有杂质的水成砂，粒径要小于或等于涂层厚度的1/4。应在涂刷最后一道涂料时将细砂（粉）撒布其上，同时在保护层上用软胶辊进行轻轻滚压，以使保护层牢牢地粘在涂层上。涂层干燥后要将余砂（粉）扫除，以免受到雨水冲刷将水落口阻塞，造成排水不畅。

六、成品保护

卷材防水屋面施工通常在工程施工的后期，主要和外墙装饰工程形成交叉。在施工过程中，成品和半成品保护可以采取以下措施：

（1）施工过程中，应当保护好已经做好的保温层、防水层、找平层、保护层，以防损坏。防水层施工中和施工后不得穿硬底或带钉的鞋行走在屋面上。

（2）制定专项管理制度。对各个工序、各个阶段制定详细的成品保护细则与严格的成品保护制度，并分区指派成品保护负责人，明确其责任范围，对成品采用“护、包、盖、封”等保护措施。

（3）在施工屋面进行材料运送时，所使用手推车的支腿应当先用麻布进行包扎，以防损坏已经做好的面层。

（4）防水层施工时应当采取适当的措施，以防对墙面、檐口和门窗等造成污染。

（5）应当及时对屋面各构造层进行施工，尤其是保护层应当和防水层连续起来做，以确保防水层完整。

（6）屋面施工中应当及时清理杂物，不可有杂物将水落口、天沟、变形缝等处堵塞。

（7）及时修补。完成防水层后，不可以在防水层上钻孔或开洞安装机器设备。如果必须要在防水层上开洞、钻孔的，应当事先做好记录，并安排修补。进行作业时，如果发现防水层遭受破损，应当尽快组织维修。

七、质量检验

1. 卷材防水层主控项目质量标准与检验方法见表 4–6。

表 4–6　主控项目质量标准与检验方法

序号	项目	质量标准	检查方法	检验数量
1	防水卷材质量	防水卷材或其配套材料的质量，要符合设计要求	检查出厂合格证、进场检验报告及质量检验报告	防水层应按屋面面积每 100m² 抽查一处，每处应为 10m²，且至少抽检 3 处
2	渗漏及积水情况	卷材防水层不可有渗漏和积水现象	做雨后观察或淋水、蓄水试验	

续表

3	防水构造	卷材防水层在檐口、檐沟、天沟、水落口、泛水、变形缝和伸出屋面管道的防水构造，要符合设计要求	观察检查	防水层应按屋面面积每 100m² 抽查一处，每处应为 10m²，且至少抽检 3 处

2. 卷材防水层一般项目质量标准与检验方法见表 4–7。

表 4–7　一般项目质量标准与检验方法

序号	项目	质量标准	检查方法	检验数量
1	卷材的搭接	卷材的搭接缝要黏结或焊接牢固，密封应严密，不可扭曲、皱折或翘边	观察检查	防水层应按屋面面积每 100m² 抽查一处，每处应为 10m²，且至少抽检 3 处
2	防水层收头	卷材防水层的收头要和基层黏结，钉压要牢固，密封要严密	观察检查	
3	铺贴方向	卷材防水层的铺贴方向要正确，卷材搭接宽度允许的偏差是 10mm	观察和尺量检查	
4	屋面排汽构造	屋面排汽构造的排汽道要纵横贯通，不可堵塞；排汽管要安装牢固，位置要正确，封闭要严密	观察检查	

第二节　屋面涂膜防水施工

一、涂膜防水屋面构造

涂膜防水屋面构造在防水等级为Ⅲ级、Ⅳ级的屋面防水和Ⅰ级、Ⅱ级屋面多道防水设防的防水层领域应用广泛。

在涂膜防水屋面节点处，如天沟、檐沟、檐口、泛水及水落口等防水薄弱的部位，应加铺一层或两层胎体增强材料的附加防水层，同时，用密封材料对全部的接缝填充密封，使之变成增强的涂膜防水层，使其抗变形能力得到提高。常见涂膜屋面节点构造做法介绍如下：

1. 屋面板端缝

将空铺附加层设置在屋面板端缝处，每边距板缝边缘不能低于80mm。在空铺附加层下，把聚乙烯薄膜空铺在板端缝上做缓冲层加以隔离。

2. 天沟、檐沟

把空铺附加层（带胎体增强材料）设置在天沟、檐沟与屋面的交接处，宽度不能低于200mm。

3. 檐口节点构造

无组织排水檐口的涂膜防水层收头应用防水涂料多遍涂刷或用密封

材料封严，檐口下端应做滴水处理。

4. 泛水节点构造

泛水处的涂膜防水层适合直接涂刷到女儿墙的压顶下。对收头进行处理，应用防水涂料多遍涂刷封严，并增设带胎体增强材料的附加层。压顶应做防水处理。

5. 变形缝节点构造

变形缝内填充泡沫塑料，其上放衬垫材料，并用卷材封盖，顶部加扣混凝土盖板或金属盖板。

6. 水落管口节点构造

水落管口处用C20细石混凝土找坡，再用20mm厚的1∶2的水泥砂浆抹面。用密封材料将水落管口的周围嵌填严密，并增设带胎体增强材料附加层，其操作方法同卷材防水层。

7. 伸出屋面管道

管道伸出屋面处应用密封材料嵌填严实，并增设带胎体增强材料的附加层，其做法与卷材防水层做法相同。对涂膜收头的处理，做法是用防水涂料进行多遍涂刷封严。

二、施工准备

1. 技术准备

涂膜防水的技术准备包括以下各项工作：

（1）进行施工前，施工单位要组织相关技术人员仔细研究涂膜防水屋面施工图，详细了解、掌握施工图中的各种细部构造及有关设计要求。

（2）综合考虑涂膜防水施工的技术要求和工程的实际情况，确定施工的技术方案或技术措施，确定质量目标和检验要求。

（3）进行施工前，一定要按照设计要求试验确定每道涂料的涂布厚度和遍数。

（4）施工时，应建立各道工序的自检和专职人员检查制度，并有完整的检查记录。每道工序完成后，由监理单位（或建设单位）检查验收，合格后才能进行下道工序的施工。

（5）涂膜防水屋面工程应由资质审查合格的防水专业队伍进行施工，作业人员必须持有工程所在地建设行政主管部门颁发的上岗证。

（6）向操作人员进行技术交底或培训。

（7）掌握天气情况。

2. 施工机具准备

涂膜防水开始施工前，依照涂料的种类和涂布方法的不同，准备好施工需要的计量器具、搅拌机具、涂布工具及运输工具等。

涂膜防水施工常用的施工机具见表 4–8。实际操作时，所需机具、工具的数量和品种可根据工程情况进行调整。另外，一定要准备好必要的清洗用具和溶剂。

表 4–8　涂膜防水施工机具及用途

名称	用途	备注
棕扫帚	清理基层	不掉毛
钢丝刷	清理基层、管道等	—
磅秤、台秤等	配料、计量	—
电动搅拌器	涂料搅拌	功率大、转速较低
铁桶或塑料桶	盛装混合料	圆桶便于搅拌

续表

开罐刀	开启涂料罐	—
棕毛刷、圆辊刷	涂刷基层处理剂	—
塑料刮板、胶皮刮板	涂布涂料	—
喷涂机	喷刷基层处理剂、涂料	根据涂料黏度选用
裁剪刀	裁剪增强材料	—
卷尺	量测检查	长 2~5m

3. 材料准备

防水涂料按成膜物质主要成分的不同，可分成沥青基防水涂料、高聚物改性沥青防水涂料和合成高分子防水涂料三种。在施工过程中，可以依照涂料品种和屋面构造形式的需要，在涂膜防水层中增设胎体增强材料。

（1）防水涂料及涂膜防水层基本要求。涂料是靠其中的固体成分形成涂膜的，由于各种防水涂料所含固体的密度相差并不太大，在单位面积用量相同的情况下，固体含量的大小决定了涂膜的厚度，固体含量高低体现了涂膜质量的高低。涂膜防水层优点：防水能力强；耐久性好，在阳光紫外线、臭氧、大气、酸碱介质长期作用下能保持长久的防水性能；温度敏感性低，在高温条件下能够不流淌、不变形，在低温状态下能够保持足够的延伸率，不发生脆断；具有一定的强度和延伸率，在施工荷载作用下或结构和基层变形时不破坏、不断裂；工艺简单，施工方法简便，易于操作和工程质量控制；对环境污染少。

（2）沥青基防水涂料。沥青基防水涂料的定义是，用沥青为基料配制而成的水乳型或溶剂型防水涂料，石灰乳化沥青涂料、膨润土乳化沥青涂料和石棉乳化沥青涂料是施工工程中常见的沥青基防水涂料。

（3）高聚物改性沥青防水涂料。高聚物改性沥青防水涂料是以沥青为基料，用合成高分子聚合物进行改性配制而成的水乳型、溶剂型或热熔型防水涂料，氯丁橡胶改性沥青涂料、丁基橡胶改性沥青涂料、丁苯橡胶改性沥青涂料、SBS 改性沥青涂料和 APP 改性沥青涂料等是施工工程中常见的高聚物改性沥青防水涂料。

与沥青基防水涂料相比，高聚物改性沥青防水涂料在柔韧性、抗裂性、强度、耐高低温性、使用寿命等方面都有较大的改善。

热熔改性沥青涂料的定义是，沥青、改性剂、各类助剂和填料事先在工厂内合成配制的高聚物改性沥青涂料物体。将其送至现场进行熔化，将熔化的热涂料直接刮涂于找平层上一次成膜设计需要的厚度。热熔改性沥青涂料的防水能力强，耐老化性能好，价格低，在南方的多雨地区应用广泛，不需要养护、干燥时间，涂料冷却后就可成膜，具有设计要求的防水能力，同时能在气温 10℃以下的低温条件下施工，这使施工对环境的要求降低了很多。该涂料是一种弹塑性材料，在黏附于基层的同时，可追随基层变形而延展，使防水层不会受到基层开裂的影响，涂料的抗变形能力较强，成膜后会形成连续无接缝的防水层，进而提高防水质量。

（4）合成高分子防水涂料。合成高分子防水涂料是以合成橡胶或合成树脂为主要成膜物质配制而成的水乳型或溶剂型防水涂料。按照成膜原理的不同，可将合成高分子防水涂料分为反应固化型、挥发固化型和聚合物水泥防水涂料三类。常用的品种有丙烯酸防水涂料、聚氨酯防水涂料、硅橡胶防水涂料、聚合物水泥防水涂料等。

合成高分子材料本身就具备优异的性能，因此以其为原料制成的合成高分子防水涂料强度和延伸率较高，柔韧性良好，耐高低温性能、耐久性和防水能力强。

（5）胎体增强材料。胎体增强材料是指在涂膜防水层中增强用的聚酯无纺布、化纤无纺布、玻纤网格布等材料。

4. 作业条件

（1）找平层经检查验收，质量合格；找平层平整、坚实，没有空鼓、起砂、裂缝和松动、掉灰现象；含水率达到标准。

（2）消防设施齐全，安全设施可靠，劳保用品满足施工操作需要。

（3）进行施工前，一定要安装完毕伸出屋面的管道、设备及预埋件。

（4）找平层与突出屋面结构（女儿墙、山墙、天窗壁、变形缝、烟囱等）的交接处以及基层的转角处应做成圆弧形，圆弧半径不小于50mm。内部排水的水落口周围的基层，要做成略低的凹坑。

（5）涂膜防水屋面严禁在雨雪天和五级风及以上风力天气施工。

三、屋面涂膜防水施工

涂膜防水屋面的施工主要包括板缝嵌填密封材料施工和屋面防水涂料施工两个内容。

1. 防水基层的准备

基层是防水层赖以存在的基础，与卷材防水层相比，涂膜防水对基层的要求更为严格。

（1）坡度。如果屋面坡度太过平缓或坡度达不到设计要求的标准，就会造成积水，引起渗漏。屋面防水是一个完整的概念，必须防排结合，只有在屋面不积水的情况下，防水才具有可靠性和耐久性。对基层进行施工，坡度一定要达到设计要求的标准。

（2）平整度与表面质量。基层的平整度是保证涂膜防水质量的主要条件。基层表面疏松和不清洁或强度太低、裂缝过大，很容易造成涂膜和基层间黏结不牢，甚至导致防水层与基层剥离，引发渗漏。《屋面工程质量验收规范》（GB50207—2002）第5.3.13条要求涂膜防水层与基层应黏结牢固，表面平整，涂刷均匀，不能出现流淌、皱折、鼓泡、露胎体和翘边等现象。

（3）干燥程度。基层的干燥程度显著影响涂膜防水层与基层的结合。基层干燥程度不高的话，涂料就会渗透不进，施工后在蒸气压力的作用下，基层和防水层会发生剥离，出现鼓泡现象。

（4）节点细部。屋面板侧壁缝及板端缝应清理干净，在这些板缝中浇筑的细石混凝土应浇捣密实，填充在板端缝中的密封材料要黏结牢固，并封闭严密。找平层上要预留出分格缝，并与板端上下对齐，均匀顺直。基层与突出屋面结构（女儿墙、立墙、天窗壁、变形缝、烟囱等）的连接处以及基层的转角处（水落口、檐口、天沟、檐沟、屋脊、管道）等，都要做成半径不小于50mm的圆弧。

（5）施工气候条件。施工气候条件影响涂膜防水层的质量和涂料的涂布操作。在雨天或雪天进行防水涂膜施工，不仅会增强施工操作的难度，而且会使水乳型涂料破乳，甚至失去防水作用，还会降低溶剂型涂料各涂层之间、涂层与基层间的黏结力。所以，不论是何种防水涂料，雨天、雪天严禁施工。溶剂型涂料施工气温宜为-5～35℃，水乳型涂料施工气温宜为5～35℃。严禁在五级风及以上风力天气进行施工，因为五级风不但影响涂布操作，而且危及防水层质量和人身安全。

2. 板缝嵌填密封材料施工

装配式钢筋混凝土屋面板的板缝内应浇灌细石混凝土，其强度等级不低于C20混凝土，混凝土中可添加微膨胀剂。上窄下宽的板缝宽度在

40mm 以上时，要加设构造钢筋。板缝进行柔性密封处理，非保温屋面的板缝上应预留凹槽，其内嵌填密封材料。

由于涂膜防水屋面是满粘在找平层上的，因此找平层必须具备相当大的强度，宜采用掺有膨胀剂的细石混凝土，强度等级不低于 C20 混凝土，厚度不低于 30mm。一旦发现找平层的表面有裂缝，必须立即对其进行修复。

改性石油沥青密封材料嵌填，有两种方法：

（1）热灌法施工。

①热灌法施工工艺的密封材料既能用塑化炉进行现场塑化，也可现场搭砌炉灶，用铁锅或铁桶进行加热。加热时，要先将热塑性密封材料装入锅中，装锅容量以 2/3 为宜，然后用文火慢慢加热，使其熔化。为使锅内材料升温均匀，不会出现老化变质的情况，必须随时进行搅拌。

②加热时，要注意过程中的温度变化，可用 200 ~ 300℃的棒式温度计测量温度。其具体方法是：把温度计放至锅中心液面下 100mm 左右的地方，并不断搅动，温度计停止升温时的温度便是锅内材料的温度。加热温度一般为 110 ~ 130℃，不得超过 140℃。没有温度计时，温度控制以锅内材料液面发亮，且不再起泡，并略有青烟冒出为准。加热温度符合规定的要求时，马上进行浇灌，浇灌时的温度不应低于 110℃。在运输距离较长的情况下，用保温桶运输。

③屋面坡度较小时，可使用特制的灌缝车或塑化炉灌缝，用以减轻劳动强度、提高工效。檐口、山墙等节点部位，在灌缝车无法使用或灌缝量不大的情况下，可以使用鸭嘴壶浇灌。为了方便清理，可在桶内涂一层薄薄的机油，撒上少量滑石粉。灌缝时要从最低标高处开始向上连续进行，尽量减少接头。通常情况下，先灌垂直屋脊的板缝，后灌平行处。在纵横交叉处灌垂直屋脊时，要向平行屋脊缝两侧延伸出 150mm，

并留成斜槎，灌缝要求饱满，略高出板缝，并浇出板缝两侧各20mm左右。对于垂直屋脊板缝，应对准缝的中部浇灌；对于平行屋脊板缝，应靠近高侧浇灌。

④把灌缝时溢出两侧的多余材料和从容器中清理出来的密封材料一起重新加热使用，但一次加入量不能超过新材料的10%。灌缝完毕后要及时检查密封材料与接缝两侧面的黏结是否良好，有无气泡。当存在脱开现象和气泡时，用喷灯或电烙铁烘烤后再压实。

（2）冷嵌法施工。

①冷嵌法施工一般采用手工操作，或用腻子刀或刮刀嵌填，较为先进的采用电动或手动嵌缝枪进行嵌填。用腻子刀进行嵌填时，首先用刀片把密封材料刮到接缝两侧的黏结面上，然后用密封材料把整个接缝填满。嵌填时应注意不让空气混入，并要求嵌填密实饱满。为使密封材料不会粘在腻子刀片上，在嵌填前可以把刀片在煤油中先蘸一下。

②用挤出枪施工时，需按照接缝的宽度选用合适的枪嘴。如果使用筒装密封材料，斜切开后的包装筒塑料嘴可以当作枪嘴来使用。嵌填时，将枪嘴贴近接缝底部，并与移动方向倾斜一定角度，一边挤一边缓缓移动，直到密封材料从底部填满整个接缝处。

③嵌填接缝的交叉部位时，可先填充一个方向的接缝，再把枪嘴插进交叉部位已填充的密封材料内，填好另一方向的接缝。在衔接部位嵌填密封材料，要在已嵌好的密封材料固化前完成。嵌填时，要将枪嘴移动到已嵌填好的密封材料内重复填充，以确保衔接部位嵌填得密实饱满。对接缝端部进行填嵌，填到离顶端200mm的位置即可，然后从顶端向已填好的方向填充，这样就确保了接缝端部密封材料和基层之间能够黏结牢固。

④若接缝尺寸太大，宽度超过30mm，或接缝底部呈圆弧形，最好

采用二次填充法嵌填，具体的做法是，等先填充的密封材料固化之后，再进行第二次填充。

⑤为了确保密封材料的嵌填质量，要趁嵌填完的密封材料未干时，用刮刀压平与修整。压平时要稍稍用些力，朝与嵌填时枪嘴移动方向相反的方向移动，禁止来回揉压。压平后，即用刮刀朝压平的反方向缓慢刮压一遍，保证密封材料表面平滑。

⑥压平整修结束后，要立即揭除遮挡胶条。一旦发现接缝周围粘有密封材料或留有遮挡胶条胶粘剂的痕迹，就应用相应的溶剂擦除干净。在清洗过程中要注意避免溶剂损坏接缝中的密封材料。

⑦嵌填完毕的密封材料要养护 2 ~ 3 天，养护期间，密封材料一定要保持完整和洁净。如有易碰损或污染的接缝部位，可用胶木板挡住或粘贴防污胶条来保护。

⑧固化后的密封材料不适宜做饰面。若考虑整体色彩必须进行饰面时，应选取对密封材料没有化学侵蚀性的材料，能够保证密封材料在太阳曝晒、风吹雨淋等不利环境条件下不会出现咬色或变色现象。同时，饰面材料也应有一定的柔韧性，能与密封材料的胀缩相适应。

⑨屋面或地下室等处的接缝，对美观的要求较低。为了避免密封材料直接暴露于空气中或受人为破坏，以延长密封材料的使用寿命，密封材料的表面通常设有符合工程施工标准的保护层。如无设计要求，可使用密封材料稀释剂做涂料，衬加一层胎体增强材料，做成 200 ~ 300mm 宽的一布二涂的涂膜保护层。

3. 操作要点

按照屋面设计构造层次的要求，涂膜防水屋面防水涂料进行施工的顺序是自下而上，一般包括屋面基层施工、隔汽层施工、保温层施工、找平层施工、涂刷基层处理剂、节点和特殊部位增强处理、保护层施工等。其中，屋面基层施工、隔汽层施工、保温层施工、找平层施工、保护层施工与卷材防水层屋面防水材料的施工顺序基本相同。下面主要介绍涂刷基层处理剂、节点和特殊部位附加增强处理、涂布防水涂料铺贴胎体增强材料的操作工艺。

（1）涂刷基层处理剂。涂刷基层处理剂的作用主要包括增加基层与防水层的黏结力，堵塞基层毛细孔道，防止水汽上渗到防水层，减少防水层起鼓等。

基层处理剂常用防水涂料稀释后使用，其配比应根据不同防水材料按要求配制。涂刷施工时，先涂刷屋面节点、周边、拐角等部位，然后再进行大面积涂刷。涂刷时要细致，做到厚薄均匀，不能存在漏刷现象，涂料干燥后才能进行下一道工序的施工。

（2）节点和特殊部位附加增强处理。天沟、檐沟、檐口、泛水等部位要加铺宽度不小于 200mm 的胎体增强材料附加层。

水落口是屋面雨水集中的部位，若处理不好，容易引起渗漏，因此，对水落口周围与屋面交接处进行密封处理，然后加铺两层有胎体增强材料的附加层，同时要求涂膜伸入水落口的深度不小于 50mm。

屋面板纵、横缝以及找平层的分格缝处要增设 200 ~ 300mm 宽的胎体增强材料附加层。

（3）涂布防水涂料铺贴胎体增强材料。

①涂膜防水层厚度。这是涂膜防水屋面最主要的技术要求，过薄会降低屋面整体防水效果，缩短防水层耐用年限，过厚又会造成浪费。涂膜厚度的选用应符合表 4–9 的规定。

表 4-9 涂膜厚度选用表

屋面防水等级	设防道数	高聚物改性沥青防水涂料	合成高分子防水涂料
Ⅰ级	三道或三道以上	—	不可小于 1.5mm
Ⅱ级	二道设防	不可小于 3mm	不可小于 1.5mm
Ⅲ级	一道设防	不可小于 3mm	不可小于 1.5mm
Ⅳ级	一道设防	不可小于 2mm	—

②涂布顺序。“先高跨后低跨，先远后近，先细部节点后立面、平面”是涂布时需要遵守的基本原则。同一屋面要划分施工段，施工段交界处要设置在变形缝处，根据操作和运输方便确定先后次序。每段中先涂布较远部分，后涂布较近部分；先涂布排水较集中的水落口、天沟、檐沟，后涂布高处的屋脊或天窗。

③涂料涂布施工。在涂料涂刷时，应根据防水涂料的品种分层分遍涂布。涂层时根据分条间隔方式或倒退方式进行，分格条的宽度要和胎体材料宽度相同。无论是薄质涂料还是厚质涂料，均不得一次涂成。对于厚质涂料，若一次涂成，涂膜干燥后很容易发生开裂，而薄质涂料涂膜时很难达到规定的厚度。后一遍涂层应待先涂的涂层干燥后方可进行，上、下两层涂布的方向应相互垂直。

④铺设胎体增强材料。加铺胎体增强材料的时间发生在第二遍涂料进行涂布时或第三遍涂刷前。前者为湿铺法，即边涂布防水涂料，边铺展胎体增强材料，边用滚刷滚压；后者为干铺法，即在前一遍涂层干燥后，直接铺设胎体增强材料，并在已展平的表面用橡胶刮板满刮一遍防水涂料。胎体增强材料的铺贴方向是根据屋面坡度进行确定的。屋面坡度小于 15%时，可平行于屋脊铺设；屋面坡度大于 15%时，应垂直于屋脊铺设。胎体材料长边搭接宽度不能小于 50mm，短边搭接不能小于

70mm。采用两层胎体增强材料时，上、下层不能垂直铺设，搭接缝应错开，其间距不应小于幅宽的 1/3。增强材料的表面要加涂一遍防水涂料。

⑤收头处理。天沟、檐沟、檐口、泛水和立面涂膜防水层收头处理的方式是用防水涂料多遍涂刷密实或用密封材料封边，封边宽度不得小于 10mm。收头处的胎体增强材料应裁剪整齐，基层出现凹槽时，应压入凹槽，不能出现翘边、皱折、露白等现象。

第三节 屋面刚性防水施工

刚性防水屋面主要可以用在防水等级为Ⅲ级的屋面防水，也可以在Ⅰ、Ⅱ级屋面多道防水设防中当作其中的一道防水层，而受较大振动或冲击的建筑屋面则不适用。

一、施工要求

（1）处理屋面板缝时应当达到《屋面工程技术规范》（GB50345—2012）第 4.2.1 条的规定要求。

（2）山墙、女儿墙及突出屋面结构和刚性防水层的交接位置应当设留缝隙，并做柔性密封处理。

（3）细石混凝土防水层和基层之间适宜设置隔离层。

（4）宜在防水层的细石混凝土中添加外加剂（减水剂、防水剂、膨胀剂）以及钢纤维、掺合料等材料，并应使用机械进行搅拌和振捣。

（5）刚性防水层应当设置分格缝，且分格缝内应当使用密封材料进行嵌填。

（6）天沟、檐沟应使用水泥砂浆找坡，且找坡的厚度超过 20mm 时宜选用细石混凝土。

（7）刚性防水层内不得埋设管线。

（8）刚性防水层的施工环境气温适宜在 5 ~ 35℃，并避免在烈日曝晒或零下温度的环境下进行施工。

二、材料准备

（1）防水层的细石混凝土适宜选用硅酸盐水泥或普通硅酸盐水泥，不可以选用火山灰质硅酸盐水泥。当选用矿渣硅酸盐水泥时，应当采取减少泌水性相关的措施。

（2）防水层内配置的钢筋适宜选用冷拔低碳钢丝。

（3）在防水层的细石混凝土内，粗骨料的最大粒径宜小于或等于 15mm，含泥量应小于或等于 1%；细骨料则应当选用中砂或粗砂，含泥量应小于或等于 2%。

（4）在对防水层细石混凝土进行外加剂添加时，应按照不同品种的适用范围和技术要求进行选择。

（5）贮存水泥时以防受潮，存放期不可以超过三个月。当存放期限已过时，应当重新对其进行检验并确定水泥的强度等级。当水泥受潮结块时则不能使用。

（6）应当将外加剂进行分类保管，不可以将其混存，并应当存放在阴凉、通风、干燥的地方。运输时应当避免雨淋、日晒或受潮。

三、普通细石混凝土防水层施工

（1）混凝土水灰比应小于或等于 0.55，混凝土的水泥和掺合料每 $1m^3$ 的用量应大于或等于 330kg，砂率适宜范围应在 35% ~ 40%，灰砂比宜为 1∶2 ~ 1∶2.5。

（2）施工时，应将细石混凝土防水层中的钢筋网片置于混凝土的上部。

（3）应当准确安装分格条，起条时不可以让分格缝位置的混凝土造成损坏。当采用切割法进行施工时，分格缝的切割深度适宜范围应是防水层厚度的 3 / 4。

（4）将减水剂、防水剂掺入普通细石混凝土中时，应当准确计量、正确投料、搅匀。

（5）搅拌混凝土的时间应大于或等于 2min，且运输混凝土时应当注意漏浆与离析；每个分格板块的混凝土应当一次浇筑完成，不可以遗留施工缝；抹压时不可以在表面洒水、撒干水泥或加水泥浆，混凝土收水后应当进行二次压光。

（6）防水层的节点施工应当按照设计要求作业。预留孔洞与预埋件的位置应准确。管件安装完成后，其四周应当按照设计要求嵌填密实。

（7）浇筑混凝土完成后应当及时进行养护，养护时间应大于或等于 14d；养护初期屋面不可以上人。

四、补偿收缩混凝土防水层施工

（1）应按照上述三中（1）的规定要求，对补偿收缩混凝土的水灰比、每 $1m^3$ 的混凝土水泥的最小用量、含砂率与灰砂比进行处理。应按照上述三中（3）、（6）的规定，对分格缝与节点进行施工。

（2）使用膨胀剂拌制补偿收缩混凝土时，应当按照配合比准确进行计量；对投料进行搅拌时应当将膨胀剂和水泥同时加入，且混凝土搅拌的时间应大于或等于 3min。

（3）每个分格板块的混凝土应当一次浇筑完成，不可以留置施工缝；抹压时不可以在表面洒水、撒干水泥或加水泥浆，混凝土收水后应当进行二次压光。

（4）对补偿收缩混凝土防水层进行养护时，其时间宜大于或等于 14d；养护初期屋面不准上人。

五、钢纤维混凝土防水层施工

（1）钢纤维混凝土的水灰比适宜范围是 0.45 ~ 0.50；砂率适宜范围是 40% ~ 50%；混凝土的水泥和掺合料用量适宜范围是 360 ~ 400kg/m^3；混凝土中的钢纤维体积率适宜范围是 0.8% ~ 1.2%。

（2）钢纤维混凝土适宜选用硅酸盐水泥或普通硅酸盐水泥。粗骨料适宜的最大粒径是 15mm，且小于或等于钢纤维长度的 2 / 3；细骨料适宜选用中粗砂。

（3）钢纤维的适宜长度是 25 ~ 50mm，适宜直径是 0.3 ~ 0.8mm，适宜的长径比是 40 ~ 100。钢纤维表面不可以有油污或其他对钢纤维和水泥浆的黏结造成影响的杂质，钢纤维里面的粘连团片、表面锈蚀和杂质等相对于钢纤维质量，要小于或等于其质量的 1%。

（4）钢纤维混凝土的配合比应当经过试验进行确定，其称量偏差不可以超过以下规定：

钢纤维 ±2%；水泥或掺合料 ±2%；

粗、细骨料 ±3%；水 ±2%；

外加剂 ±2%。

（5）钢纤维混凝土适宜选用强制式搅拌机进行搅拌，当钢纤维体积率较高或搅拌物的稠度较大时，一次进行搅拌的量不宜超过额定搅拌量的80%。搅拌时应先干拌钢纤维、水泥、粗细骨料1.5min，然后加水进行湿拌，也可以使用在拌合混合料的过程中，将钢纤维倒入其中进行搅拌的方法。搅拌时间应超过普通混凝土的1 ~ 2min。

（6）钢纤维混凝土搅拌物应当搅拌均匀，保持颜色一致，不可以出现泌水、离析、钢纤维结团现象。

（7）从搅拌机内将钢纤维混凝土搅拌物倒出，浇筑完成的时间不宜大于30min；进行运输时应当避免搅拌物离析，如果产生离析或坍落度损失，可将原水灰比的水泥浆倒入其中进行二次搅拌，不得直接加水进行搅拌。

（8）浇筑钢纤维混凝土时，应当保证钢纤维分布的连续性与均匀性，并用机械将其振捣密实。每个分格板块的混凝土应当一次浇筑完成，不可以遗留施工缝。

（9）振捣钢纤维混凝土完成后，应当先抹平混凝土表面，等到收水后再进行二次压光，钢纤维不得露出混凝土表面。

（10）钢纤维混凝土防水层应当留设分格缝，其纵横之间的间距不宜超过10mm，分格缝内应当使用密封材料嵌填密实。

（11）对钢纤维混凝土防水层进行养护时，其时间应大于或等于14d；养护初期屋面不可以上人。

六、补偿收缩混凝土防水层施工

1. 屋面分格缝

普通细石混凝土与补偿收缩混凝土的防水层，其分格缝的宽度适宜范围是 5 ~ 30mm，分格缝内应当用密封材料进行嵌填，上部应当设置保护层。

2. 屋面泛水与收头

刚性防水层和山墙、女儿墙交接位置，应当留设 30mm 宽的缝隙，并应当嵌填密封材料；泛水位置应铺设卷材或涂膜附加层。

3. 屋面变形缝

刚性防水层和变形缝的两侧墙体交接位置应当留设 30mm 宽的缝隙，并嵌填密封材料；泛水位置应当铺设涂膜或卷材附加层；变形缝中应当用泡沫塑料进行填充，其上使用衬垫材料进行铺填，并使用卷材封盖；顶部应当加扣混凝土盖板或金属盖板。

4. 伸出屋面管道

伸出屋面管道和刚性防水层交接位置应当留设缝隙，嵌填密封材料，并加设卷材或涂膜附加层。收头部位应固定密封。

第四节 瓦屋面防水施工

一、平瓦屋面施工

平瓦主要指的是传统的黏土机制平瓦与水泥平瓦，平瓦屋面的组成部分为平瓦与脊瓦，平瓦适用于铺盖坡面，脊瓦铺盖在屋脊上。

1. 平瓦屋面施工工艺

平瓦屋面施工工艺流程如下：

清理基层→防水层施工→钉顺水条→钉挂瓦条→铺瓦→检查验收→淋水试验

2. 屋面、檐口瓦

挂瓦应当自檐口由下到上、自左向右依次进行。檐口瓦相较于檐口要挑出 50 ~ 70mm；瓦后爪均挂于挂瓦条上，与左边和下边两块瓦落槽密合，要时刻保持瓦面、瓦楞平直，与质量要求不相符的瓦不可以进行铺挂。瓦的搭接应当顺着主导风向，避免漏水。铺设檐口瓦时应当将其铺成一条直线，天沟位置的瓦要按照宽度和斜度弹线锯料。整坡瓦应当保持平整，行列要横平竖直，没有翘角及张口现象。

3. 斜脊、斜沟瓦

先挂上整瓦，沟边的搭盖泛水宽度要大于或等于 150mm，弹出墨线，将号码编好，砍去多余的瓦面，然后按照号码顺序依次挂好；斜脊位置的平瓦也要按照上述方法挂好，以确保脊瓦与平瓦搭接时每边不小于40mm，弹出墨线，将号码编好，将多余部分砍去，然后按照顺序挂好。斜脊、斜沟位置的平瓦要确保使用部分的瓦面质量。

4. 脊瓦

将平脊、斜脊脊瓦进行铺挂时，应当将长麻线拉通，铺平挂直。用1∶2.5石灰砂浆将扣脊瓦铺座平实，保证脊瓦接口及脊瓦与平瓦间的缝隙位置，先将抗裂纤维掺入灰浆中搅拌均匀，然后用搅拌好的用料嵌严刮平，脊瓦和平瓦的搭接每边最少为40mm；平脊的接头口要顺着主导风向；斜脊的接头口要朝下，平脊和斜脊的交接位置要用麻刀灰封严。将平脊与斜脊铺好后，要确保其平直，没有起伏现象。

二、油毡瓦屋面施工

油毡瓦是用玻璃纤维毡作为胎基，经过浸涂石油沥青后，一边用彩砂矿物粒料进行覆盖，另一边撒上隔离材料，并经过切割所制成的形如瓦片的屋面防水材料。

（1）油毡瓦施工工艺。油毡瓦施工工艺流程为：

清理基层→防水层施工→铺钉垫毡→铺钉油毡瓦→检查验收→淋水试验

（2）油毡瓦屋面的适宜坡度为20%～85%。

（3）应将屋面基层的杂物、灰尘清除，并保证其具备足够的强度，平整、洁净，没有起砂、起皮等现象。

（4）细部节点处理与防水层施工：依照设计要求，用涂料或卷材在屋面及突出屋面结构的交接位置、女儿墙泛水、檐沟等处进行防水处理。经验收符合要求后，方可做防水层施工。

（5）油毡瓦应当从檐口向上铺设，第一层瓦应当平行于檐口，切槽应当向上指着屋脊，用油毡钉进行固定。第二层油毡瓦应当叠合第一层，但切槽应当向下指着檐口。第三层油毡瓦应当置于第二层之上，并比切槽露出 125mm，油毡瓦之间的对缝，其上、下层不应重合。铺设油毡瓦时，每片油毡瓦至少要有 4 个油毡钉，当屋面坡度超过 80%时，应当增加油毡钉进行固定。

（6）在木基层上铺设油毡瓦时，可以使用油毡钉进行固定；在混凝土基层上铺设油毡瓦时，可以使用射钉进行固定，也可选用冷玛琋脂或胶进行黏结固定。

（7）剪开油毡瓦切槽，将其分成 4 块，便可作为脊瓦，并将两坡面的 1 / 3 用油毡瓦进行搭盖，且脊瓦相互搭接面至少为 1/2。

（8）屋面及突出屋面结构的交接位置，应在其立面上使用油毡瓦进行铺贴，且高度至少为 250mm。

三、金属板材瓦屋面施工

（1）金属板材屋面的施工工艺。金属板材屋面的施工工艺流程如下所示：

清理基层→配板→铺钉金属板材→检查验收→淋水试验

（2）屋面坡度至少为 1/20，也不应超过 1/6；屋面坡度在腐蚀环境中至少为 1/12。

（3）屋面板选用切边铺法时，应对齐上、下两块板的板缝；不选用切边铺法时，应当将上、下两块板的板缝错开一波。铺板应当挂线铺设，以使纵横对齐，横向搭接至少为一个波，长向（侧向）搭接应当顺着年最大频率风向进行搭接，端部搭接应当顺着流水方向进行搭接，搭接长度至少为200mm。铺设屋面板时，自一端开始，向另一端同时沿着屋脊方向进行。

（4）每块金属板材的两端支撑位置的板缝均应使用M6.3自攻螺栓和檩条进行固定，中间支撑位置应当每隔一个板缝使用M6.3自攻螺栓和檩条进行固定。钻孔时，应当保持垂直、不偏斜，将板与檩条一起钻穿，固定螺栓前，先将长短边的密封条垫好，然后将橡胶密封垫圈与不锈钢压盖套上一起拧紧。

（5）铺板时，两板长向搭接之间应当放上一条通长密封条，端头应当放上两条密封条（包括屋脊板、包角板、泛水板等），且密封条应当保持连续、不可以间断。拧紧螺栓后，两板的搭接口位置还应当使用丙烯酸或硅酮密封膏封严。

（6）两板铺设完成后，两板的侧向搭接位置还需要用铆钉进行连接，且所用铆钉均应当使用硅酮或丙烯酸密封膏封严，并使用塑料或金属杯盖保护。

第五章 外墙防水施工技术

第一节 外墙有机硅防水涂料

外墙有机硅防水涂料的防水层通常选用防水涂膜，不仅施工方便，而且防水效果好。外墙有机硅防水涂料适用于砖混结构和框架轻质填充外墙。

一、施工准备

（1）基层要求抹平、压光、坚实、平整，具有一定的强度，没有起砂现象，阴阳角处抹成极小圆弧角。

（2）基层要求干燥，含水率不超过 9%。

（3）基层面上保持洁净，突出部位要凿平并清理干净。

（4）不得在淋雨条件下施工，操作时严禁烟火。

（5）施工的环境温度至少有 5℃。

用高压喷水枪做压力冲水试验，检查每个窗框侧边的抗渗能力，若出现渗漏情况，必须返工，直到不渗漏为止。

二、施工工艺

1. 施工流程

基层处理→第一遍 JS 复合防水涂料勾缝→第二遍 JS 复合防水涂料勾缝→喷涂第一遍有机硅防水涂料→喷涂第二遍有机硅防水涂料→淋水试验。

2. 操作要点

（1）采用雨天观察和对墙体淋水检查的方法来确定墙体发生渗漏的部位，查找并分析原因，确定修补方案。

（2）清除缝内浮灰杂物，对较宽且通长裂缝进行处理，必要时需用小型切割机切割裂缝，并用自来水或外墙清洁剂清洗干净。

（3）仔细检查外墙的饰面砖是否存在脱落和空壳现象，发生严重空壳的面砖必须凿除，然后对其进行重新铺贴。

图 5-1　检查外墙饰面砖

（4）用JS复合防水涂料将有孔洞和明显裂缝处填平补齐、填实密封。如发现窗周边渗漏，把窗周边的建筑密封胶全部铲除并清理干净，然后用JS复合防水涂料腻子进行填充修补。

（5）清理、修补后，把JS复合防水涂料调成腻子，对整个外墙面砖缝进行勾缝处理。

（6）清理、修补、干燥后，饰面墙即可喷有机硅防水涂料。

第二节　外墙饰面防水施工

抹灰又叫作“粉刷”，由三个层次组成，分别为底层、中层和面层。在底层和面层施工的是普通抹灰，而在底层和面层中间再增加一层或是多个中间层的是中级抹灰和高级抹灰。各层抹灰的总厚度通常为外粉刷20～25mm、内粉刷15～20mm，因此不宜过厚。

一、外墙抹灰类饰面的防水做法

外墙抹灰类饰面的做法主要是搓毛、水刷石、干粘石和斩假石等。为了饰面层不渗漏水，确保抹灰层的密实，防止产生空鼓和裂缝，应在施工时采取以下措施。

（1）应在抹灰前做好基层处理，要保持表面平整、干净、粗糙、湿润。对于不同机体材料的交接处，为了防止温度裂缝，应在此处铺钉金属网；对头空缝一定要使用水泥砂浆进行修整；对于砌体的缺陷和孔洞应首先将108胶水的水泥素浆掺入其中，对其涂刷一遍，随后再用水泥砂浆补抹平整。

（2）外墙抹灰饰面所选用的材料以及配合比，不仅要满足装饰的效果，还要对其防水要求进行考虑。由于水泥类、聚合物水泥类的各种砂浆在凝固硬化后的吸水率仅有5%左右，具有良好的防水功效，所以一般外墙抹灰都采用此类砂浆。

（3）外墙抹灰应当按照操作程序进行，分层施工，对每一层都要抹压平整、密实，对于抹灰层与基层之间、各抹灰层之间的要求要黏结牢固，不可以出现脱层、空鼓等现象。

（4）应当按照设计要求对外墙抹灰饰面层进行分格。在一个分格块内应当一次性完成抹压工作，不得留有接槎。分格缝不能太窄或太浅，通常以20mm为宜，并应当留成凹槽。分格缝的深度和宽度应当保持均匀一致，表面要光滑，没有砂眼，不可以存在错缝、缺棱掉角的情况。完成饰面抹灰层后，要清理好分格，并对其进行洒水湿润，使用1∶（1～2）水泥砂浆（水泥∶细砂）进行勾缝，其要求缝口要均匀、封严密实。待勾缝砂浆凝固硬化、干燥后，依照设计颜色在分格缝内涂刷防水涂料。

二、墙面水泥砂浆抹灰工程的施工工艺

（1）墙面水泥砂浆抹灰工程的施工工艺流程（如图5–2所示）。

（2）进行墙面基层处理，对其浇水湿润。

①砖墙基层处理：剔除墙面上所残留的砂浆，并清理掉污垢、灰尘等，然后使用清水对墙面进行冲洗，以冲掉砖墙中的浮砂和尘土，最后均匀地湿润墙面。

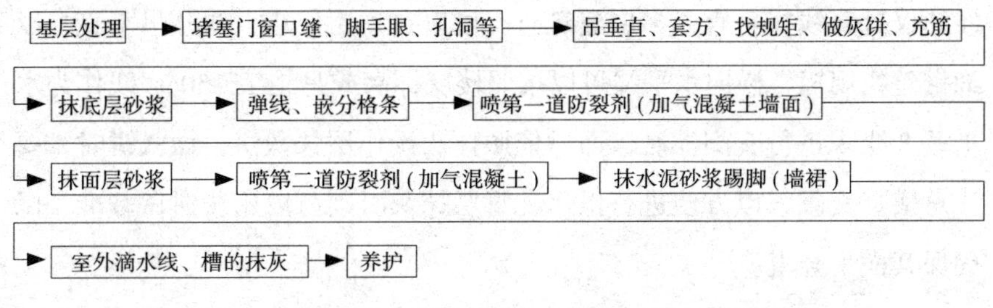

图 5-2 墙面水泥砂浆抹灰工程的施工工艺流程

②混凝土墙基层处理：由于混凝土墙面的表层较为光滑，所以先将其表面进行处理，使用脱污剂脱除墙面的油污，晾干后，为了增强抹灰层与基层的附着力，并减少墙面空鼓开裂，应使用机械喷涂或笤帚将胶黏性水泥浆或混凝土界面剂进行涂刷，注意涂薄薄的一层。除此之外，还有一种方法是用尖钻头将其表面均匀地剔成麻面，使其表面粗糙不平，之后再浇水进行湿润。

③加气混凝土墙基层处理：由于加气混凝土砌体本身没有过高的强度以及过大的孔隙率，所以应使用砂浆将松动以及灰浆不饱满的拼缝或梁、板下的顶头缝填塞密实之后再抹灰；剔凿墙面凸出部分，以保持其平整，并用砂浆修整缺棱掉角、凹凸不平、设备管线槽与洞等部位。使用托线板对墙面的垂直偏差与平整度进行检查，依据要求处理好墙面抹灰基层，而后喷水进行湿润。

（3）堵门窗口缝以及脚手眼、孔洞等。要确保门、窗框安装的位置准确、牢固，使用水泥砂浆塞严缝隙。对脚手眼与废弃的孔洞进行堵塞时，清理干净洞内的杂物、灰尘等，完成后浇水湿润，然后再用砖将其补齐砌严。

（4）吊垂直、套方、找规矩、做灰饼、充筋。可依据建筑高度对放线方向进行确定，高层建筑可以在墙大角、门窗洞口两边位置，使用经纬仪打直线找垂直。多层建筑时，可以在顶层使用大线坠吊垂直，以细钢丝找规矩，横向水平线可以按照楼层标高或是施工 +50cm 线作为水平基准线来进行交圈控制，而后依照抹灰操作层抹灰饼，做灰饼时，要注意横竖交圈，以方便进行操作。每层抹灰时则可以用灰饼做基准，以确保其横平竖直。

（5）抹底层灰、中层灰。在抹底层灰之前可以刷一道胶黏性水泥浆，然后依照 1∶3 的比例进行水泥砂浆（加气混凝土墙应涂抹 1∶1∶6 混合砂浆）混合，并将其涂抹在墙上，每层的厚度要注意保持在 5 ~ 7mm 为宜。分层进行抹灰，抹到与充筋平时用木杠刮平找直，木抹搓毛，每层抹灰的节奏不能太快，以防止收缩对质量造成影响。

（6）弹线分格、嵌分格条。依照图纸的要求来弹线分格、嵌分格条。分格条适宜使用红松制作，并将其用水进行充分浸透后再进行粘合。粘时要使用素水泥浆在分格条两侧依照 45° 八字坡形进行涂抹。嵌分格条时，为确保分格均匀，要在所弹立线的同一侧粘竖条，不可左右乱粘。

（7）喷洒第一道防裂剂。防裂剂应当在作业环境较为干燥且工程质量要求较高时使用。抹完底子灰后，立刻用喷雾器在其上面直接喷洒防裂剂，喷出的防裂剂应呈雾状，喷洒时要均匀，不能过于集中，或漏喷，或过量。作业时喷嘴要倾斜，向上仰，并与墙面保持适当的距离，以保证喷洒均匀适度，又不会冲坏灰层。喷完防裂剂后 2 ~ 3h 内不可进行搓动，以免破坏防裂剂表层。

（8）抹面层灰，起分格条。待底灰七八成干时开始进行面层抹灰。将水浇至底灰墙面上，以保持墙面均匀湿润，先将素水泥浆刮掉薄薄的一层，然后抹罩面灰，保持与分格条齐平，并使用木杠对其进行横竖刮平，以木抹子搓毛，以铁抹子溜光、压实。待其表面没有明水时，使用软毛刷蘸水顺着同一方向垂直于地面轻刷一遍，以确保面层灰颜色一致，避免有收缩裂缝出现，随后起出分格条，待灰层干后，用素水泥膏进行勾缝。分格条难起的地方不可硬起，以防损坏棱角，待灰层干透后再补起，并补勾缝。

（9）进行第二遍防裂剂喷洒。抹好罩面灰后，待稍微有些干（具有初期硬度），通常在砂浆初次凝固后还没有收缩前，及时进行第二遍防裂剂喷洒。

（10）抹水泥砂浆踢脚板（墙裙）。在对水泥砂浆的高度进行涂抹的范围内，要用聚合物水泥浆刷一遍，并立刻抹上 1∶3 水泥砂浆底子灰，厚度为 5 ~ 7mm，随之抹上厚为 5mm 的中层灰，并用木抹子对其表面进行搓毛。待中层灰五六成干时，使用 1∶3 水泥砂浆涂抹罩面灰，然后抹平、压光，并用靠尺在上口进行切割平齐。踢脚线出墙应保持一致，通常适宜范围为突出墙面灰层 5 ~ 7mm。

（11）抹滴水线。在对檐口、窗楣、窗台、阳台、雨篷、压顶与突出墙面的腰线及装饰凸线进行涂抹时，在其上面应当做成朝向外侧的流水坡度，以防倒坡出现，下面做成滴水线（槽）。窗台上面的抹灰层应当深入窗框下坎裁口里面，并堵塞密实。流水坡度和滴水线（槽）与外表面的距离要大于或等于 40mm。通常，滴水线的宽度和深度要等于或大于 10mm，并应确保其流水坡度的方向正确。

抹滴水线（槽）时应当先对立面进行涂抹，然后是顶面，最后是底面。在抹好底面灰层后就可以拆除分格条。拆除分格条时，应采用“隔夜”拆条法，该方法需要等到抹灰砂浆达到一定强度后方可进行拆除。

（12）养护。水泥砂浆抹灰常温 24h 后应当进行喷水养护。冬期施工时要有保温措施。

三、质量要求

（1）砂浆防水层的原料与配合比应达到设计要求。其检验方法是：对其产品出厂合格证、质检报告、配合比以及现场抽样复检报告进行检查。

（2）各层之间务必要结合牢固，不能出现空鼓现象。其检验方法是：观察检查与用小锤进行轻击检查。

（3）防水层表面应当密实、平整，不能有裂纹、起砂、麻面等缺陷存在。其检验方法是：观察检查。

（4）防水层施工缝留槎位置要准确，接槎应当依据层次顺序进行操作，层层搭接要密实。其检验方法是：观察检查。

（5）防水层的平均厚度要与设计要求相符合，最小厚度不能低于设计值的85%。其检验方法是：观察检查和尺量检查。

（6）表面允许的偏差与检验方法见表5-1。

表5-1　表面允许的偏差与检验方法表

项次	项目	允许偏差/mm		检验方法
		普通抹灰	高级抹灰	
1	立面垂直度	4	3	2m垂直检测尺检查
2	表面平整度	4	3	2m靠尺和塞尺检查
3	阴阳角方正	4	3	直角检验尺检查
4	分格条（缝）直线度	4	3	拉5m线，少于5m拉通线，用钢直尺检查
5	墙裙、勒角上口直线度	4	3	拉5m线，少于5m拉通线，用钢直尺检查

第三节　建筑外墙各节点防水构造与防水施工

一、门窗

（1）窗台。窗台的作用是将窗扇部分的雨水进行排除，以防雨水沿着窗下皮砖渗入墙内或是渗进室内。窗台有两类，一为预制混凝土窗台，二为砖砌窗台。

窗台的坡面应保持坡向室外，并于窗台下皮涂抹出滴水槽或鹰嘴，以防出现尿墙现象。窗台和窗框之间的缝隙一定要用麻刀与水泥砂浆塞严。

（2）在门窗外侧金属框和防水砂浆层以及饰面层接缝处，应当留有（7 ~ 10）mm × 5mm（宽 × 深）的凹槽，并对其嵌填高弹性密封材料。

（3）在金属或塑料门窗的拼缝位置、螺丝固定位置和铝合金材料的接口位置，都应当使用高弹性密封材料进行嵌填。

（4）相较于内窗台而言，窗台的最高点要低于它并不小于 10mm，并注意其排水要向外；金属或塑料窗框的内缘高度应当不小于 30mm。相较于外墙饰面层而言，窗框应当凹进不少于 50mm，底部适宜使用液态灌浆材料灌满。

（5）天窗节点密封防水构造，如图 5-3 所示。

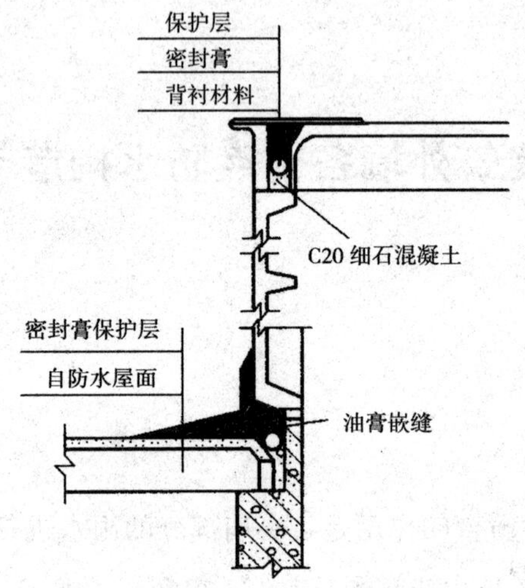

图 5-3 天窗节点密封防水构造

二、阳台

（1）在阳台、露台等地面应当做防水处理，其地面标高要高于同楼层的地面标高 20mm 以上，排水坡度要大于 3%，并设置 1% ~ 2%的坡向排水口。阳台地面应当做防水层，并使用密封材料将与楼层地面、外墙之间的地方进行密封，阳台下表面边缘还应当设有滴水线或滴水槽。

（2）应当采用聚合物水泥砂浆和密封材料，对阳台栏杆、栏板以及外墙交接处做好嵌填处理。

（3）阳台地面通常采用水落管或排水管进行排水。先在阳台一侧的栏杆下设置排水孔，地面使用防水砂浆抹出坡度，再将水导向排水孔。排水孔内部要设有一个排水管，该排水管应为直径 40mm 或 50mm 的塑料管或镀锌钢管，然后将排水管向阳台外延伸 80mm；进行有组织排水时，则将已经伸到阳台外的排水管连接到落水管中，再经落水管将水引导到地面。安装排水管或雨水管时要牢固，封闭要严密。

（4）应当将阳台地面抹灰层（结合层）抹压严密，且与墙面交接位置的抹灰层应当和基层黏结牢固，不能存在空鼓、裂缝等现象。

三、墙身孔洞

在墙上设留临时性施工洞口时，其侧边距离交接处墙面应当不小于 500mm，且洞口净宽度要小于 1m。抗震设防烈度达到 9 度地区的建筑物，其临时性洞口的留置位置应当经过设计单位进行设计确定。洞口顶部适宜设置过梁，也可以采取在洞口上方逐层挑砖的方法进行封口，并预埋水平拉结筋。对临时洞口进行补砌时，应将砖块表面清理干净，并浇水进行湿润，然后使用和原墙一样的材料补砌严密、牢固。

不同的施工孔洞具有不同的修补方法，但其共同之处是对封堵孔洞进行修筑时，要将新旧砖面之间的结合面处理完整，施工时首先要清除原有接缝处所残留的砂浆，并将原有的墙身用水进行冲洗湿润，然后将掺有 108 胶水的水泥净浆在接缝处涂刷一遍，最后再对封堵孔洞进行砌筑。

（1）将砌筑时遗留的空头缝和瞎头缝进行堵塞是堵塞砖缝内渗漏水通道的关键所在。在修补前，应当首先将空头缝中酥松的砂浆进行清除，并保证深度要超过 50mm；瞎头缝要凿出不小于 8mm 的宽度，大于 50mm 的深度。然后清扫上述凿出的部位，并用水对其进行冲洗湿润。在修补时，只要是在需要堵塞的范围内，都要将掺入 108 胶水的水泥净浆对其涂刷一遍，然后再用掺入麻刀灰的水泥砂浆分层进行嵌填，每层的厚度要小于或等于 8mm。

（2）在穿墙孔洞时造成的成片渗漏，需要使用湿砖和水泥砂浆重新对其进行嵌补，施工时要确保砖块四周都有砂浆，同时要保证新嵌补的湿砖和原来的砖墙界面之间结合要牢固，嵌补时可以使用一块整砖或两块断砖，但一定要保证中间的砂浆嵌填饱满。因修补砂浆的用量较少，适宜随拌随用，拌好的砂浆一定要在 3h 内用完。

（3）对于现浇混凝土的外墙外挂模板穿墙套管孔，应当先清理管孔，然后浇水湿润，最后使用与外墙混凝土同等强度的细石混凝土（可掺入微膨胀剂）细致地嵌填密实。

四、穿墙管道

穿墙管道和外墙装饰层（防水层）的交接处，在温度与应力的变形作用下极易产生裂缝，并且在风的作用下，这些裂缝会使雨水渗入室内。所以，外墙管道在预留孔洞中装好固定后，应当清洗干净交接处的缝隙，并洒水湿润，然后使用聚合物水泥砂浆嵌填密实，并于外墙外侧预留一个凹槽，其宽度为 20mm 左右、深度为宽度的 0.55 ~ 0.7 倍，再用基层处理剂涂刷凹槽内部，填塞背衬材料，并用密封材料进行嵌填，最后才可以做外侧墙面的装饰层（防水层）。

五、预埋件

墙身中的预埋件和外墙防水层的交接处，在温度与应力的变形作用下极易产生裂缝。这些预埋件如果安装不牢固，或是在施工过程中遭受撞击，会造成抹灰时新老砂浆无法结合牢固，产生空鼓、裂缝等现象。

不管是什么原因造成的裂缝，都能够形成流水通道，在下雨时沿着预埋件根部的缝隙流进室内，造成渗漏。所以，在进行预埋件安装时，应当首先对图纸的数量、位置、规格以及间距、标高等问题进行认真核实，以防差错产生。在安装预埋件之前，应当先处理好除锈、防腐问题。安装一定要在外墙饰面之前进行，以保证安装牢固可靠，不会造成位移与松动等现象产生。抹灰时应当精心处理好预埋件根部施工，要仔细抹压，不得挤压成活或急压成活，进而造成预埋件根部和抹灰饰面层之间产生局部收缩裂缝。完成饰面层施工后不可以随意对其进行冲撞和振动，以防因外力作用造成预埋件松动，发生预埋件和饰面层之间出现裂缝或开裂现象。如果预埋件根部有渗水现象出现，可以根据具体情况使用防水密封材料进行嵌填封严。

六、水落管

若没有处理好水落口杯处防水层，应当先揭开水落口杯处的防水层，并用密封材料在其周围嵌填严密，随后再在水落口杯内 50mm 处铺上柔性防水卷材或防水涂料。

施工中，劣质水落管和已经锈蚀或腐烂的铁皮水落管严禁使用。如果管箍已松动或造成损坏，则应当重新安装新的管箍，并将其固定牢靠。新安装的水落管，一定要与外墙之间保持不少于 20mm 的空隙，承插长度应大于或等于 40cm。插口处要严密，不能脱节、渗水。水漏斗和水落管要匹配，并安装稳固，与墙身相连的支撑件应当预留孔洞，埋件后用密封材料嵌填封严。

七、外墙密封防水构造

（1）型钢墙体的密封防水构造，如图 5-4 所示。

（2）外墙水平缝的密封防水构造，如图 5-5 所示。

（3）外墙垂直缝的密封防水构造，如图 5-6 所示。

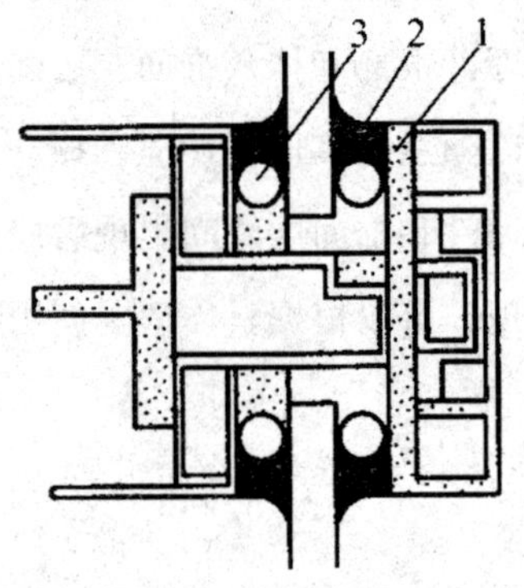

1. 金属型钢墙体 2. 密封材料 3. 背衬材料

1. 外墙板 2. 空心楼板 3. 塞缝砂浆 4. 墙板坐浆 5. 背衬材料 6. 滴水线 7. 密封材料

图 5-4　型钢墙体的密封防水构造　图 5-5　外墙水平缝的密封防水构造

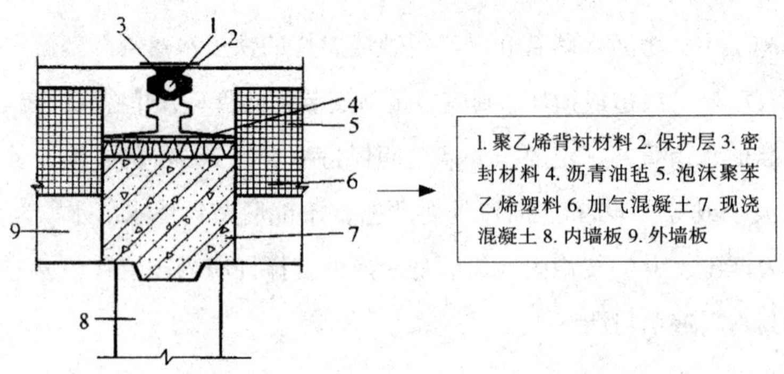

图 5-6　外墙垂直缝的密封防水构造

（4）玻璃幕墙的密封防水构造。

①无金属玻璃幕墙的密封防水构造，如图 5–7 所示。

②隐框玻璃幕墙的密封防水构造，如图 5–8 所示。

③铝合金玻璃幕墙沉降缝的密封防水构造，如图 5–9 所示。

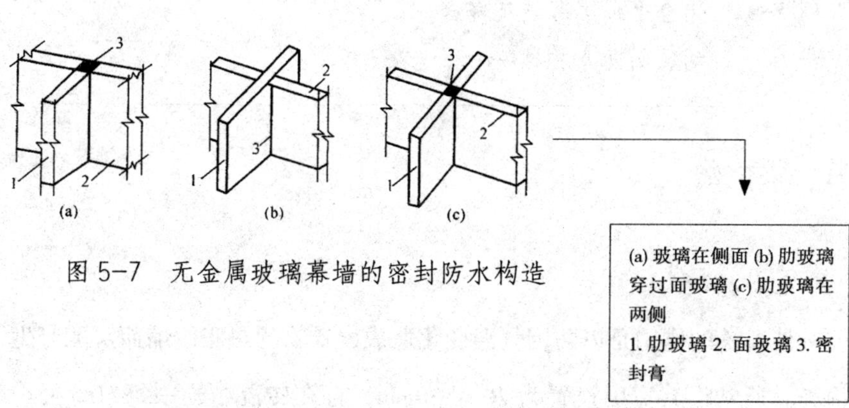

图 5–7　无金属玻璃幕墙的密封防水构造

(a) 玻璃在侧面 (b) 肋玻璃穿过面玻璃 (c) 肋玻璃在两侧
1. 肋玻璃 2. 面玻璃 3. 密封膏

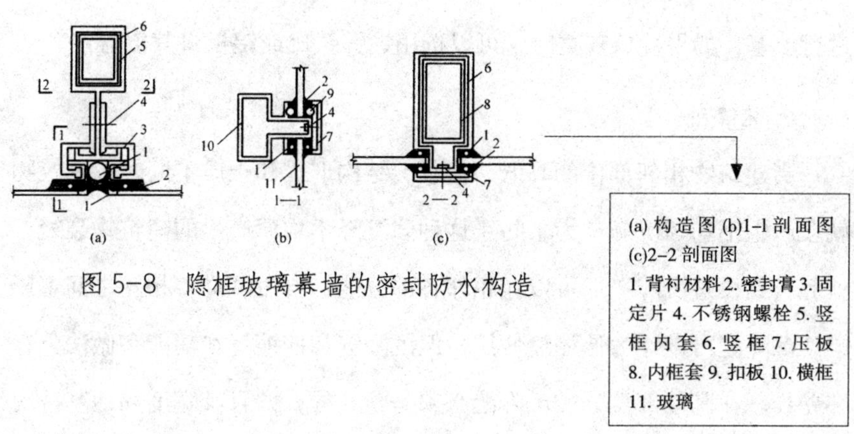

图 5–8　隐框玻璃幕墙的密封防水构造

(a) 构造图 (b)1–1 剖面图 (c)2–2 剖面图
1. 背衬材料 2. 密封膏 3. 固定片 4. 不锈钢螺栓 5. 竖框内套 6. 竖框 7. 压板 8. 内框套 9. 扣板 10. 横框 11. 玻璃

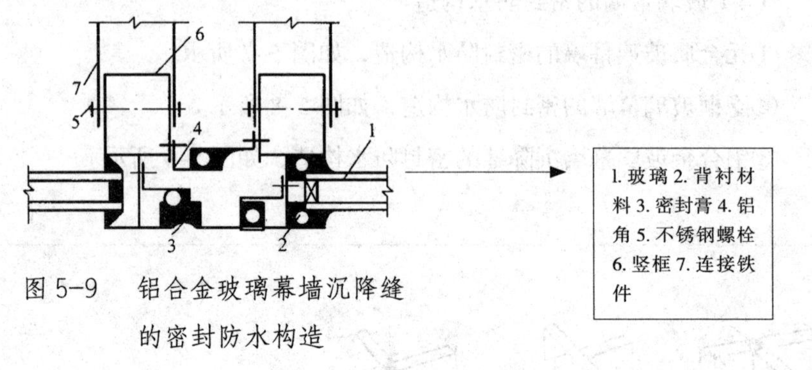

图 5-9　铝合金玻璃幕墙沉降缝的密封防水构造

八、变形缝

1. 伸缩缝

伸缩缝的作用是以防因气温变化造成建筑物的热胀冷缩而可能产生损坏。通常，其宽度设置为 20 ~ 30mm，且在砖混结构中每 60m 处设有一道伸缩缝，在现浇钢筋混凝土的结构中每 50m 处设有一道伸缩缝。基础部位处的伸缩缝不断开，其他上部结构都需要断开。缝内要用麻刀进行填塞，如果缝口较宽时，可以选用镀锌铁皮或铝板将其覆盖住。

2. 沉降缝

当建筑物相邻部位的高低、荷载、结构形式和土质不同时，建筑物就会产生不均匀沉降，为了防止这种因沉降不均而产生的建筑物裂缝，就务必要设置沉降缝，可以让相邻各部分能够自由沉降，相互之间不影响。沉降缝可以作为伸缩缝使用，但沉降缝和伸缩缝在功能和做法上存在差异。在基础部位处的沉降缝必须是断开的，并且其宽度和地基情况以及建筑物的高度有关。

第四节　外墙面涂刷保护性防水涂料施工

一、施工工艺

1. 清理基层

施工前，基层表面一定要清理干净。发现孔、洞和裂缝后，要用水泥砂浆填实或用密封膏嵌实封严。待基层彻底干燥后，才能喷刷施工。

2. 配制涂料

涂料和水按质量比为 1∶10 ~ 15 称量后盛于容器中，充分搅拌均匀后即可喷涂施工。

3. 喷刷施工

用喷雾器（或滚刷、油漆刷）把配制稀释后的涂料直接喷涂（或涂刷）在干燥的墙面或其他需要防水的基面上。喷涂方向是，先从施工面的最下端开始，沿水平方向从左至右或从右至左（视风向而定）喷刷，横向施工涂层就会随后出现，这样逐渐喷刷至最上端，完成第一次涂布。也可先喷刷最下端一段，再沿水平方向由上至下分段进行喷刷，逐渐涂布到最下端的一段并与其衔接在一起。每一施工基面都要连续重复喷刷两遍。

第一遍：喷刷工具沿水平方向喷涂涂料，形成横向施工涂层，在第一遍涂层还没有固化时，紧接着进行垂直方向的第二遍喷刷。

第二遍：喷刷工具沿垂直方向视风向从基面左端（或右端）开始从上至下或从下至上喷涂涂料，形成竖向涂层，逐渐移向右端（或左端），直至完成第二次喷刷。

瓷砖或大理石等饰面的砖间接缝是喷涂的主要对象。因接缝呈凹型条，和饰面不处在同一个平面上，可先用刷子紧贴纵、横向接缝，上下、左右往复涂刷一遍，再用喷雾器对整个饰面满涂一遍。

二、施工注意事项

（1）涂料和水必须严格按照质量比为 1:（10 ~ 15）进行稀释。水量过多，则起不到防水作用。

（2）施工时，涂料应现用现配，用多少配多少，稀释液宜当天用完。

（3）对墙面腰线、阳台、檐口、窗台等凹凸节点要进行仔细反复地喷涂，不能有遗漏的地方，否则雨水会滞留在节点部位，造成室内渗漏。

（4）施工后 24h 内不得经受雨水侵袭，否则将影响使用效果，必要时应重新喷涂。

第五节　外墙拼接缝密封防水施工

针对建筑外墙的各种拼接缝进行密封防水处理的做法即外墙拼接缝密封防水，具体包括框架外墙板板缝、装配式墙板板缝、PC 幕墙、金属幕墙、玻璃周边接缝、金属制隔扇、压顶木、混凝土隔墙接缝等的密封防水。

一、施工流程

基层处理→填塞背衬材料→粘贴防污胶条→涂刷基层处理剂→嵌填密封材料→修整密封膏表面→撕去防污胶条

二、操作要点

1. 基层处理

基层上可能出现的不利于黏结的因素和相对的处理方法有以下几方面。

锈蚀：用钢针除锈枪处理；用锉、金属刷或砂子处理。

油渍：用有机溶剂溶解后再用白布将其揩净。

涂料：用小刀刮除；用不会影响黏结的溶剂溶解后再用白布将其揩净。

水分：用白布揩净。

尘埃：用甲苯洗净后再用白布将其揩净。

2. 填塞背衬材料

根据外墙板缝的宽度，选用比该缝隙宽 4 ~ 6mm 的聚乙烯塑料泡沫作为背衬材料进行填塞，填塞到一定深度为止。

3. 粘贴防污胶条

在嵌缝施工时，为避免密封材料对外墙板的板缝周边造成污染，应在板缝两侧正面边缘粘贴 15 ~ 25mm 宽的防污胶条。且防污胶条应离缝槽立面 1 ~ 2mm。在正式嵌填密封施工前，对于已填塞衬垫材料的缝隙，将残余的灰尘等采用高压吹风机喷吹干净。

4. 涂刷基层处理剂

用油漆刷在缝隙两侧的基层表面上均匀地涂刷基层处理剂。

5. 嵌填密封材料

（1）施工时，应从纵横缝交叉处开始，将枪嘴深入缝槽底部，并挤按出嘴的斜度倾斜，均匀缓慢地边挤边后退，退时要防止枪嘴露到嵌填材料的外面。

（2）嵌填通常应先嵌填垂直于地面的竖向缝槽，再嵌填平行于地面的横向缝槽。嵌填竖向缝槽的方向是从墙根处自下而上进行，当缝缓慢向上移动至横向交叉处的十字形缝槽时，再向两侧横向缝槽各移动嵌填 150mm，并留有斜槎。接槎时，必须先挤出枪嘴空气，并在缝槽内已嵌填的密封材料中按倾斜度插入挤出嘴，直到挤出嘴直抵背衬材料表面，再按照上述方法嵌填。

6. 修整密封膏表面

密封膏填满外墙板缝后，要及时用蘸过有机溶剂的刮刀，把多出外墙表面的密封材料刮平，并将较薄的部位添加补平。刮平时，刮刀要有一定的倾斜度，并沿一个方向进行刮平，直到表面光滑。

7. 撕去防污胶条

密封膏表面刮平、修整平整后，立即将缝隙两侧的防污胶条撕去。若墙体表面粘有少量密封材料（或防污胶条的黏结痕迹），要用相应有机溶剂或水擦除。擦除时切记不可损坏溶剂。

第六章 地下工程防水施工技术

第一节 地下卷材防水施工

按照卷材防水层与地下围护结构施工的先后顺序可将卷材防水层的做法分为两种，分别是外防外贴法与外防内贴法。外防外贴法，先在底层铺贴卷材，周围留出卷材接头，随后将构筑物底板和墙身混凝土浇筑其上，待拆掉侧模后，再在四周铺设防水层，最后砌筑保护墙。

外防内贴法，先在结构周围砌好保护墙，随后在墙面和底层铺贴防水层，最后将主体结构的混凝土浇筑其上。

一、施工准备

1. 技术准备

（1）卷材防水层施工前，应当将其技术详细地交代清楚，以便所有施工人员对其技术要求有所了解，更好地掌握工艺流程与操作工艺要求。

（2）卷材防水层施工一定要交给具有相应资质的防水施工队进行组织施工，且主要施工人员应当持证上岗。

（3）原材料、半成品要经过定样、检查（试验）、验收。

2. 主要机具

卷材防水施工的主要机具为垂直运输机具与作业面水平运输机具，以及进行铺贴作业时压辊、喷灯、热熔所需要的小型机具，详见卷材防水屋面施工相关内容。

3. 作业条件

（1）已经完成基层工作，并通过有关质量验收。

（2）地下结构基层表面应当平整、牢固，不可出现起砂、空鼓等现象。

（3）基层表面应当洁净干燥，含水率要小于或等于 9%。

二、工艺流程

基层清理→基层验收→喷基层处理剂→对特殊部位加强处理→基层弹分条铺贴线→底层卷材铺贴→卷材上弹分条铺贴线→卷材铺贴→分项验收→保护层施工

三、施工要点

1. 基层清理

基层表面应当保持平整坚实，并应当将转角处做成圆弧形，局部孔洞、蜂窝与裂缝要修补严密，表面应当保持干净，保证没有起砂、脱皮现象，然后确保表面干燥，并用基层处理剂进行涂刷。表面不干时，可用潮湿界面隔离剂或湿固化型胶黏剂进行涂刷。界面处理剂干燥后才可以进行下一道工序的施工。

2. 基层弹分条铺贴线

基层处理好后，依照卷材的铺贴方案，将每幅卷材的铺贴线弹出，并确保不歪斜。对上层进行卷材铺贴时，同样要弹出铺贴好的卷材上的铺贴线。

3. 外防外贴法操作要点

在地下围护结构做好以后方可进行外防外贴法施工，可直接在立面上铺贴卷材防水层，随后进行防水层保护墙的砌筑，其操作要点具有以下几点：

（1）按设计要求对垫层浇筑混凝土。

（2）在垫层上砌筑保护墙。为防对伸出的卷材接头造成损伤，在铺贴底板卷材前，首先在垫层四周砌筑保护墙。保护墙分为两部分，下部是用水泥砂浆砌筑而成的永久性保护墙，高度应大于或等于底板厚度加 200 ~ 500mm，内表面涂抹水泥砂浆找平层；上部是用石灰砂浆砌筑的高为 150（n+1）（n 为油毡层数）的临时性保护墙。

（3）涂抹水泥砂浆找平层。在垫层与保护墙表面涂抹 1:2.5 ~ 3.0 掺入膨胀剂的水泥砂浆找平层当作基层，基层应牢固、齐平、干净。待找平层干燥后，用基层处理剂进行涂刷。

（4）特殊部位增强处理。防水的薄弱环节主要在地下工程找平层的阴阳角、转角及变形缝等处，由于这些部位极易造成渗漏现象，所以在进行卷材铺贴前，应当增设附加防水层，以增强防水效果。

（5）铺贴卷材。使用高聚物改性沥青防水卷材进行铺贴时，应当采用热熔法施工；使用合成高分子防水卷材进行铺贴时，应当采用冷粘法施工。

在进行卷材铺贴时，应对底面先进行铺贴，然后再对立面进行铺贴，交接处应进行交叉搭接。第一块卷材应置于平面整改与立面保护墙相交的阴角部位进行铺贴，平面与立面罩等同，各为 1 / 2。待将第一块卷材铺完后，剩下的卷材依照卷材的搭接宽度要求（长为 100mm，短为 150mm），在已经铺好卷材的搭接边上弹出基准线，对底板卷材防水层进行铺贴并折向立面和墙身卷材进行搭接。在永久性保护墙上和底板垫层上，要将卷材防水层进行牢固粘贴；在临时性保护墙上要将卷材进行临时粘贴，并在保护墙最上端将接头分层进行临时固定。为了防止对钢筋进行捆扎和浇筑混凝土时造成防水层被撞坏或穿破，当铺贴底板上卷材后，先在其上面铺上一层油毡保护隔离层，再做一个厚为 30 ~ 50mm 的 1∶3 的水泥砂浆或细石混凝土的保护层。在保护墙上的卷材表面应当涂抹低强度砂浆保护层，或是使用花点粘贴聚乙烯泡沫塑料片材对其进行保护。

然后对底板和围护进行结构施工。在完成围护结构施工后，做防水层前，应先拆除临时保护墙并清除砂浆，并剥出卷材，使用喷灯微热烘烤，对其逐层揭开，然后将卷材表面的浮灰、污物、泡沫塑料清除干净，再在围护结构外表面涂抹水泥砂浆找平层，用基层处理剂涂刷后，将卷材分层错槎并搭接向上铺贴。下层卷材应被上层卷材覆盖大于或等于 150mm，如图 6-1 所示。卷材甩槎、接槎的做法如图 6-2 所示。

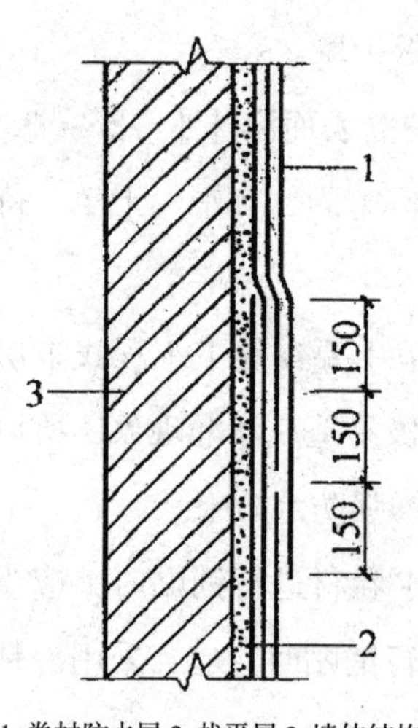

1. 卷材防水层 2. 找平层 3. 墙体结构

图 6-1　阶梯型接槎

经过验收合格后的防水层，可继续向上进行永久性保护墙的砌筑。

在外墙卷材防水保护层施工完毕后，

可依照施工要求，在基坑内按步骤回填2∶8灰土，并根据要求的厚度，使用机械或人工方法，分层分步进行回填夯实。为确保工程质量，回填土中不可以夹杂石块、碎砖、灰渣或有机杂物。

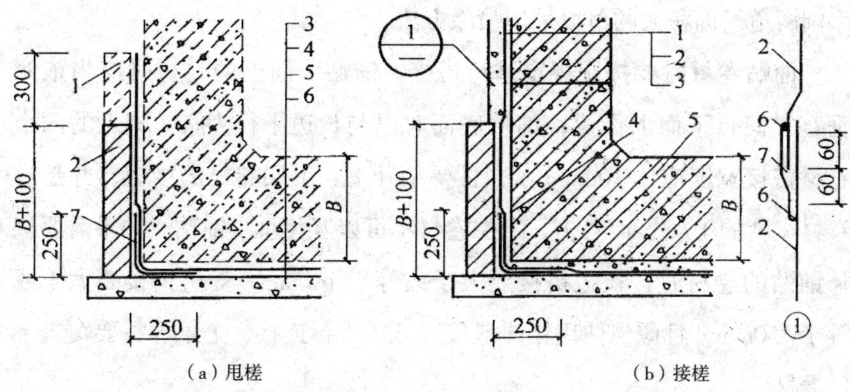

（a）甩槎

1. 临时保护墙 2. 永久保护墙 3. 细石混凝土保护层 4. 卷材防水层 5. 水泥砂浆找平层 6. 混凝土垫层 7. 卷材加强层

（b）接槎

1. 结构墙体 2. 卷材防水层 3. 卷材保护层 4. 卷材加强层 5. 结构底板 6. 密封材料 7. 盖缝条

图 6-2 卷材的甩槎、接槎做法

4. 外防内贴法操作要点

当施工条件受限时，可使用外防内贴法对卷材防水层进行铺贴。

（1）在已经完成施工的混凝土垫层上修筑永久性保护墙，并用1∶3水泥砂浆做好垫层和永久性保护墙上的找平层。

（2）涂布基层处理剂。等到找平层干燥后便可以使用冷底子油进行涂刷，等到冷底子油干燥后才可以铺贴卷材防水层。

（3）铺贴卷材。先对立面进行铺贴，然后再铺贴平面。对立面进行卷材铺贴时，应先对转角进行铺贴，后再铺贴大面。完成铺贴后，再对卷材防水层的保护层进行施工。立面可以按照外贴法涂抹水泥砂浆，平面也可以涂抹水泥砂浆或浇筑一层厚度为 30 ~ 50mm 的细石混凝土。做完保护层后，再对围护结构和底板进行施工。

铺贴卷材的要求：在基层表面用冷底子油进行涂刷，要求满铺且没有空隙，刷涂时要薄而均匀，在表面较为粗糙的基层处可以用冷底子油涂刷两道。面积大的可以采用喷涂方法。

铺贴卷材时要按照规定进行搭接，铺贴墙面上的卷材时应当依照垂直方向自下而上作业；铺贴底面时以与长边平行为宜。临近的两个卷材搭接宽度应比 100mm 大，且要错开上、下层卷材的接缝，并超过卷材宽度的 1 / 3，而且上、下层卷材不可以互相垂直铺贴。如果需要接长铺贴的卷材时，长边搭接要大于或等于 100mm，短边搭接要大于或等于 150mm，且应当使用错槎形接缝方式进行连接，上层卷材要覆盖下层卷材。

5. 特殊部位的防水处理

（1）加固转角处。平面的交角位置是防水层的薄弱部位，其包括阳角、阴角与三面角，因此应当对其进行加强防水处理。应将转角部位找平层做成圆弧形。铺贴立面和底面的转角位置的卷材时，卷材的接缝应当留在底面上，且与墙根距离要大于或等于 600mm。

（2）管材埋设处的防水处理。对管材埋设件和卷材防水层连接处进行防水处理时，应在套管的法兰盘上粘贴卷材防水层，且宽度不小于 100mm，并用夹板压紧卷材。

（3）变形缝的防水处理。应先将毛毡、麻丝或纤维用防腐填料的沥青浸泡，然后将泡好的毛毡、麻丝或纤维在不承压的地下结构变形缝中填塞严密，并使用防水性能优良的油膏进行封缝处理。除了使用防水材料在承受水压的地下结构变形缝处进行填塞外，还应当安装止水带，以确保在结构变形时防水能力仍保持良好。

止水带的种类有金属止水带、橡胶止水带和塑料止水带。当变形缝的环境温度高过50℃时，可使用金属止水带，如厚度为2mm的紫铜片止水带或厚度为3mm的不锈钢止水带等，其中间呈圆弧形。

第二节 地下涂膜层防水施工

一、施工要求

1. 地下涂膜防水层构造

地下工程涂膜防水可以分为两种，一种是外防外涂法，一种是外防内涂法。外防外涂法首先是对防水结构进行作业，然后在防水结构的外表层用防水涂料进行涂刷，再在四周砌筑永久性保护墙，或是涂抹水泥砂浆保护层，或是粘贴软质泡沫塑料保护层。而外防内涂法则是在完成地下垫层施工后，先砌筑永久性保护墙，然后使用防水涂料对防水层进行涂刷，再用沥青卷材在涂膜防水层上进行花粘做成隔离层，做好的隔离层就可以当作主体结构的外模板，最后再对结构主体进行施工。

2. 施工技术要求

（1）一般要求。

①涂膜防水层有无机防水涂料与有机防水涂料。无机防水涂料可以选择使用水泥基渗透结晶型涂料与水泥基防水涂料。有机涂料可以选择反应型防水涂料、水乳型防水涂料和聚合物水泥防水涂料。

②无机防水涂料适宜在结构主体的背水面使用，有机防水涂料适宜在结构主体的迎水面使用。在背水面使用的有机防水涂料的抗渗性应很高，且能够强有力地黏结基层。

（2）设计要求。

①选择防水涂料品种时应当符合以下规定。

a. 潮湿基层适宜选择和潮湿基面黏结性较强的无机涂料或有机涂料，或是使用先涂刷水泥基类无机涂料，随后涂刷有机涂料的复合涂层。

b. 冬期施工时适宜选择反应型涂料，比如水乳型涂料，温度大于或等于 5℃。

c. 埋置深度较深的重要工程，或是有振动或变形较大的工程适宜选择高弹性防水涂料进行涂刷。

d. 当地下环境具有腐蚀性时，适宜选择具有较好的耐腐蚀性的反应型、水乳型、聚合物水泥涂料，并修筑刚性保护层。

②使用有机防水涂料时，应当在阴阳角和底板处增加一层胎体增强材料，并用防水涂料增涂 2 ~ 4 遍。

③水泥基防水涂料适宜厚度应为 1.5 ~ 2.0mm；水泥基渗透结晶型防水涂料适宜厚度应大于或等于 0.8mm；有机防水涂料依照材料的性能，适宜厚度应为 1.2 ~ 2.0mm。

（3）施工要求。

①应修补处理基面的气孔、蜂窝、缝隙、起砂、凹凸不平等问题，并保证基面干净、没有浮浆和水珠且不渗水。

②在涂刷涂料前，基层阴阳角应当做成圆弧形，阴角的直径大于 50mm、阳角的直径大于 10mm 较好。

③在涂刷涂料前应先密封或加强处理阴阳角、预埋件、穿墙管等处。

④一定要严格按照涂料的技术要求来对涂料进行配制及施工。

⑤必须按照设计要求对防水层进行涂刷。应当在前一道涂层干后方可进行再一次涂刷或喷涂；涂层必须均匀，不可以漏刷或漏涂，且施工缝的接缝宽度应大于或等于100mm。

⑥使用胎体材料进行铺贴时，应将胎体层充分地与防水涂料浸透，不可存在白槎及皱折。

⑦完成有机防水涂料的施工后应当及时砌筑保护层，且保护层应与以下规定相符合：

a. 底板、顶板应当采用厚度为20mm的1∶2.5水泥砂浆层及厚度为40 ~ 50mm的细石混凝土进行保护，且在顶板防水层和保护层之间适宜留置隔离层。

b. 侧墙背水面应当使用厚度为20mm的1∶2.5水泥砂浆层进行保护。

c. 侧墙迎水面适宜采用软保护层或厚度为20mm的1∶2.5水泥砂浆层进行保护。

二、施工操作技术

1. 聚氨酯防水涂刷施工

（1）工艺流程。

对基层进行检查→底层进行刮涂→处理细部构造（铺贴纤维增强布）→大面积进行刮涂→砌筑保护层

（2）操作方法。

①检查基层水分。在对油溶性聚氨酯防水涂料进行涂刷时，其反应固化成膜为非水固化反应，当基层的含水量较高或周围环境的湿度较大时，施工时的聚氨酯涂料中的异氰酸根（-NCO）会优先和水分、潮气

发生反应，并释放出二氧化碳，使涂膜产生气孔、气泡，对涂膜质量造成影响，因此油溶性聚氨酯对基层含水率具有较为严格的要求，规定基层含水率应当低于9%时才可以进行施工。

对基层含水率进行测试的经验方法和屋面测试方法一样。在常温下，将1m^2胶板平铺在基面，3 ~ 4h后，将胶板掀开，然后看看上面是否有水印，没有水印就说明基层的含水率低于9%，能够进行施工，否则直至干燥到符合要求为止。

当用水乳固化聚氨酯防水涂料进行涂刷时，其反应过程为水交联固化过程，因此对基层的含水率相对放宽，即便如此，基层仍不可以过度潮湿或有明水。

②搅拌涂料。涂刷单组分聚氨酯防水涂料前，应对其稍加搅拌，以免物料中的填料沉淀。搅拌时，在桶内上下进行搅拌，搅匀即可。

涂刷双组分聚氨酯前，应当按照规定的质量比例将两个组分放进圆桶中（因方桶内搅拌容易有死角，且搅拌时间过长），然后用带叶片的手电钻将其充分混合均匀后，便可进行刮涂作业。

③涂刷。物料应随拌随用，因此混匀后双组分的材料应当在短时间内用完；单组分倒在不同的桶内后也应当在规定的时间内尽快使用。在进行刮涂作业时，当发现涂料有明显交联反应出现时，也就是混合物料具有很大的稠度时，就不可以再继续使用，否则会对与前道涂层的黏结力造成影响，使防水工程质量降低。

a. 细部构造处理：在大面积作业前，应先对细部构造附加增强层进行预先处理，因为细部构造作为渗漏水的关键部位，一旦没有处理好，必然会遗留渗漏水的隐患。

b. 大面积涂刷：首先应打底层，也就是在基层涂刷涂料，且涂料选用低含固量涂料为宜，待打底层固化后再进行大面涂刷。

涂刷防水涂料时均有一个共性，即不管厚质涂料抑或是薄质涂料，在满足厚度要求的前提下，防水涂膜涂刷的遍数越多，其成膜越密实。在涂刷时应当多遍涂刷，不可一次或少次成膜。所以，要求涂刷防水涂料时，应多遍刮涂。

外防内涂法应当首先对立面进行涂刷，然后再涂刷平面。对立面进行涂刷前，应当先对转角进行涂刷，随后再大面涂刷。

外防外涂法应当先对平面进行涂刷，然后再涂刷立面，平面和立面的交接位置，应当交叉搭接。

同层每道进行涂刷时要按照一个方向进行，并在前遍成膜固化后再进行后遍涂刷，且前后两遍涂刷方向应当保持垂直，这样不仅能够增加和基层的黏结力，还能保证涂层表面平整，以减少渗漏的机会。同层进行涂刷时，涂刷的先后搭槎宽度以 30 ~ 50mm 为宜。

④做保护层。完成涂料施工并将其固化后，为了以防由于其他原因造成防水层损坏，应当及时做好保护层，其做法如下：

a. 应采用厚度为 20mm 的 1∶2.5 水泥砂浆层和厚度为 40 ~ 50mm 的细石混凝土对底板、顶板进行保护。

b. 适宜在顶板防水层与保护层之间设置如油毡纸等空铺隔离层。

c. 适宜在最后一道涂膜尚未完全固化前，在侧墙背水面粘贴一层 2mm × 2mm 的粗网格布，或撒上一层细砂。涂膜固化后，应当在网格布上或细砂上涂抹一层厚度为 20mm 的 1∶2.5 水泥砂浆进行保护。

d. 应当在最后一道涂膜固化前，对侧墙迎水面选用软泡沫保护层进行粘贴，或是涂抹厚度为 20mm 的 1∶2.5 水泥砂浆进行保护，随后回填土。

2. 聚合物水泥防水涂料施工

（1）工艺流程。

将特殊部位进行润湿→附加增强层处理→进行大面积润湿→对打底层进行刮涂→对下层进行刮涂→铺贴纤维增强布（下层涂膜厚度应达到1mm）→对中层进行刮涂→对面层进行刮涂→修筑保护层

（2）操作方法。除了涂膜固化机理不同外，聚合物水泥防水涂料的操作方法基本与聚氨酯防水涂料相同。

①基层要求。基层应当坚实、平整，在达到施工条件后，首先用水对特殊部位进行润湿，但不可以有明水。

②配料。依照生产材料单位规定的液料和粉料的比例配料进行配比。相比于屋面防水工程所用的液料与粉料配比，地下工程防水施工中所用的粉料用量要大一些，通常液料 : 粉料的比例为 10 :（12 ~ 20）。

首先在圆形容器内倒入定量的液料（如果需要加水，先将水加在液料中），然后边搅拌液料边慢慢加入定量的粉料，搅拌时间约为 5min，直至搅拌混合物料中没有料团、颗粒为止。

用于地下工程防水时，相对于屋面工程的基面而言，地下室的基层较为潮湿，但为了将涂料和基层的黏结力增加，将基层毛细孔封闭，打底层的基层（打底料）涂料应选用低含固量的涂料，在对打底料进行配置时要适当提高加水量。假设液料 : 粉料的比例为 10 : 20 的常规比例，此时可以加水 30 份，也就是打底料配比应当为液料 : 粉料 : 水 =10 : 20 : 30。

对斜面、顶面或立面进行施工时不加水或少加水，烈日下对平面进行施工时应当适度加水。

③大面积施工。处理好阴阳角等特殊部位后，便可开始使用辊子、

刷子或刮板涂覆，进行大面积作业。涂覆时应当保证涂层均匀，不可以有局部沉积现象出现，也不可以过厚或过薄。已完成配比的涂料应在使用时随搅随用，以免沉淀。

如果需要对涂层添加无纺布，涂膜下层、无纺布及涂膜中层应当连续施工。各层之间的时间间隔不能过长，以前一层涂膜干固不粘为准，以免因间隔时间过长而导致涂膜间分层。

当环境温度达到 200℃时涂料能够使用的时间是 3h 左右，涂层表干的时间是 4h 左右，实干的时间是 8h 左右。现场的环境温度高、湿度低、通风好，可用时间与固化时间就会短些，反之则会长些。

④保护层。施工聚合物水泥防水涂料保护层时，其做法和聚氨酯防水涂料保护层的做法一样。

3. 氯丁橡胶沥青防水涂料施工

（1）溶剂型氯丁橡胶。

①基层必须清洁、干燥、平整、坚实。基层不平的地方，应当使用高强度等级砂浆对其进行填平补齐，阴阳角位置应当做成圆弧角。在涂布前应当先处理表面，可用钢丝刷或其他机具对表面进行清理，将浮灰杂物和不稳固的表层除去，并使用扫帚将其清理干净。

②基层要规范处理，处理好后要马上在其上使用较稀的涂料用力地涂刷一层底涂层。

③待底涂层干燥后（约 24h），便可以一边刷涂料一边将玻璃纤维布进行黏结。铺完玻璃纤维布后要用排刷刷平，使涂料充分渗入玻璃纤维布中。待第一层玻璃纤维布涂层干燥后，方可另刷一遍涂料，再将第二层玻璃纤维布铺贴其上，然后再在上面刷涂料。玻璃纤维布互相搭接的长度应当大于或等于 100mm，且要错开上下两层玻璃纤维布的接缝。

将玻璃纤维布黏结后，应当检查是否有气泡和皱折，如果有气泡，则应当剪破玻璃纤维布将气泡排除，并用涂料重新对其进行粘贴。

④施工注意事项。

a. 因涂料是以甲苯或二甲苯作为溶剂的，所以应当密封。

b. 要保持施工现场的通风，以免工作人员由于吸入过量溶剂而中毒。

（2）水乳型氯丁橡胶。

①水泥砂浆找平层应当坚实、平整，用 2m 直尺对其进行检查，凹处要小于或等于 5mm，并平缓变化，每 1m^2 内不得超过一处凹处。如果与上述要求不相符，应当使用 1∶3 水泥砂浆找平。要修补基层裂缝，裂缝低于 0.5mm 的，先用稀释防水涂料做二次底涂，待干后再以防水涂料重复涂抹几次。裂缝大于 0.5mm 的，应当先适当地剔宽裂缝，然后涂上稀释防水涂料，待干后再以防水涂料或嵌缝材料灌入缝内，并在其表面用宽为 30 ~ 40mm 的玻璃纤维网格布条进行黏结，随后涂上防水涂料。

②将防水涂料进行稀释后，将其均匀地涂布于基层找平层上。涂刷时要选在没有阳光的早、晚时间段进行，这样可以让涂料有充足的时间渗入基层的毛细孔内，以达到涂层对底层黏结力的增强效果。待干后再用防水涂料涂刷 2 ~ 3 遍，将涂料进行涂刷时应当注意厚度适宜，涂布均匀，不可以出现流淌、堆积现象，这样有利于水分蒸发，以免起包。

③在对玻璃纤维网格布进行铺贴时，可采用干铺法和湿铺法两种。前者是将玻璃纤维网格布干铺在已干的底涂层上，然后展平，加以点粘将其固定；后者是一边在已干的底涂层上涂防水涂料，一边铺贴玻璃纤维布。

④施工注意事项。

a. 在使用涂料前必须将其搅拌均匀。

b. 不可以在 0℃以下，或是雨天与风沙天施工，夏季太阳曝晒下及后半夜潮露时也不适合施工。

c. 施工中禁止对未干的防水层进行踩踏，不允许穿带钉的鞋进行操作。

4. 再生橡胶沥青防水涂料施工

（1）溶剂型再生橡胶。

①基层要保持平整、密实、干燥，含水率要小于9%，不允许出现起砂、酥松、剥落与凹凸不平的现象，并按排水要求修筑各种坡度。基层不平的地方，应当使用高强度等级砂浆进行填平补齐，阴阳角处应当做成圆弧角。涂布前应当对表面进行清理，并用钢丝刷或其他机具对其进行清刷，以将浮灰杂物以及不稳固的表层去除，最后用扫帚或吹尘机将其清理干净。

②基层的裂缝宽度低于 0.5mm 时，可用涂料先刷一遍，随后用腻子 [涂料：滑石粉或水泥＝100：（100 ~ 120）或（120 ~ 180）] 进行刮填。对于裂缝较大的情况，可先将裂缝凿宽，再用弹塑性较大的聚氯乙烯塑料油膏或橡胶沥青油膏等嵌缝材料对裂缝进行嵌填。然后将一条（宽约 50mm）玻璃纤维布或化纤无纺布用涂料粘贴其上，以达到增强效果。

③将基层处理好后，将较稀的涂料（用涂料时加入 50%汽油稀释）用棕刷用力地薄涂一遍，使涂料尽量渗透进基层微孔和“发丝”裂纹内，以使涂层与基层的黏结力增强。不可以漏刷，不可以有气泡，通常为0.2mm厚。

④依照玻璃纤维布或化纤无纺布的宽度以及铺贴顺序在基层上弹线，以便对涂刷的宽度进行掌握。涂刷中层时，在已贴部位应当尽量避免上人反复踩踏，防止因粘脚而将布带起，对与基层黏结的程度产生影响。

⑤施工注意事项。

a. 涂刷底层后尚未干时，不可以上人踩踏。

b. 必须将玻璃纤维布和基层粘牢，不可以出现空鼓、脱层、翘边、皱折、气泡与封口不严现象。

c. 基层应当坚实、平整、清洁，且不适宜在混合砂浆和石灰砂浆表面进行施工。施工温度为 -10 ~ 40℃，下雨或大风天气时停止施工。

d. 因该涂料的溶剂是汽油，所以在贮运与使用过程中必须注意防火。要随用、随倒、随封，以防止挥发。存放期不能超过半年。

e. 使用涂料前必须搅拌均匀，避免桶内上下浓稀不均匀。对底层涂层和配有颜色面层进行涂料时，可在其内适当添加少许汽油，以使黏度降低，便于涂刷。

f. 配腻子和有色涂料的所有粉料均应当保持干燥，表面保护层材料应当洁净、干燥。

g. 用细砂做罩面层时，需用水将其进行清洗并晒干后方可使用。

h. 用汽油将用好的工具洗净，以便再次使用。

（2）水浮型再生橡胶。

①基层要求保持一定的干燥程度，其含水率低于 10%。用水清洗时，要等自然干燥，通常要求晴天间隔 1 天，阴天可根据情况适当延长时间。如果基层找平材料是现浇乳化沥青珍珠岩，其含湿率应当在 5% 以下。

②要预先修补处理好基层裂缝。裂缝在宽为 0.5mm 以下时，先用涂料涂刷一遍，随后用自配填缝料（涂料掺入适量滑石粉）进行刮填，待干后将约 50mm 宽的玻璃纤维布或化纤无纺布用涂料粘贴其上；裂缝宽度为 0.5mm 以上的，则需要将裂缝凿宽，并用塑料油膏或其他适用的嵌缝材料嵌填其内，然后用玻璃纤维布或化纤无纺布进行粘贴增强。

③在依照规定要求对基层进行处理后，均匀用力在其上涂刷一遍涂

料，以改善防水层和基层的黏结力。待干燥固化后，再在其上使用涂料涂刷 1 ~ 2 遍。

④在已经干燥的底涂层上用小桶将防水涂料适量地倒下，随后用长柄大毛刷进行推刷，通常厚度是 0.3 ~ 0.5mm。涂刷要均匀，既不可以过厚，也不可以漏刷。然后贴牢预先用圆轴卷好的玻璃纤维布（或化纤无纺布）的一端，双手将布卷的轴端握紧，用力将玻璃纤维布向前进行滚压，随刷随粘，并用长柄刷将布下的气泡刷走，然后将布压贴密实。玻璃纤维布贴好后不可以有白槎、鼓泡、皱纹、翘边等现象。随后依次逐条铺贴，切记不可以铺一条空一条。操作人员进行铺贴时应当退步进行。涂膜未干前不可以上人踩踏。如果必须加铺玻璃纤维布，可依照第一层玻璃纤维布的铺贴方法再次施工。搭接布的长、短边时，宽度均应为 100mm 以上。

⑤施工注意事项。

a. 施工基层应当坚实，适宜待混凝土或水泥砂浆干缩后、体积稳定后再涂刷涂料，以确保施工质量。

b. 将涂料桶打开前应当在地上进行适当滚动，开桶后再使用木棒进行搅拌，以使浓度保持均匀，随后将其倒入小桶内使用。

c. 如果需要调节涂料浓度，可将少量的工业软水或冷开水加入其中。切记不可将常见的硬水加入涂料中，否则会使涂料破乳而报废。

d. 施工环境气温宜为 10 ~ 30℃，且最好选择晴朗干爽天气，雨天则应暂停施工。

e. 涂料的每遍涂刷量不可高于 0.5kg / m^2，以免一次堆积太多而造成局部干缩龟裂。

f. 如果身体或衣物被涂料弄脏，短期内可以使用肥皂水进行洗净；时间过长，涂料干固，没有办法水洗时，可以用适量松节油或汽油进行擦洗，随后再用肥皂水进行清洗。施工工具上附着的涂料应当在收工后立刻将其擦净，以便再次使用。切勿使用一般的水进行清洗，否则涂料会迅速变成凝胶，使毛刷等工具不可再用。

g. 完成防水层后，如果发现有皱折，应用刀将皱折处划开，并使用防水涂料将其粘贴牢固，待干后再将一条玻璃纤维布粘贴其上；如果出现脱空起泡现象，则应当将其割开放气，随后用涂料粘贴玻璃纤维布补强；倒坡与低洼位置应将该处防水层揭开并对基层进行修补，然后依照规定的做法将防水层恢复。

h. 水乳型再生胶沥青防水涂料无毒、不燃，比较安全。不过，贮运环境的温度应在 0℃以上，并注意密封，通常贮存期是 6 个月。

三、细部构造施工

1. 地面阴阳角处理

将涂料涂刷在基层涂布底层后，应先涂布增强，同时铺贴玻纤布，贴好后再涂布第一道、第二道涂膜，阴阳角的做法如图 6–3、图 6–4 所示。

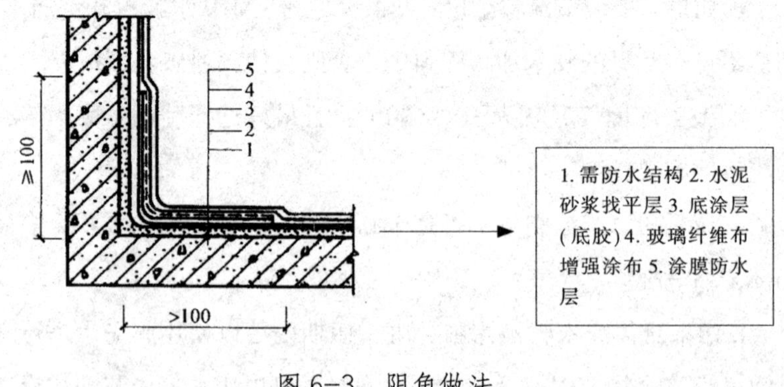

图 6–3 阴角做法

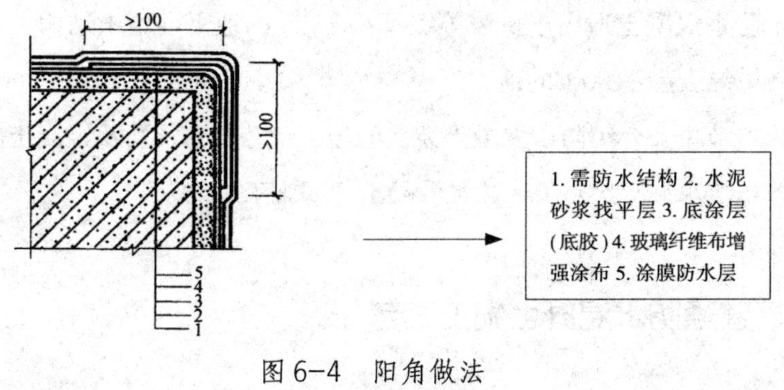

图 6-4　阳角做法

2. 地下管道处理

先用砂纸将管道根部的管道进行打毛，然后用溶剂将油污洗除，再清洁管道根部四周的基层并保持干燥。将涂料涂刷在管道根部四周并进行底层涂刷，待底层涂料固化后进行增强涂布施工，等增强层固化后再涂刷涂膜防水层。

3. 地面施工缝或裂缝处理

施工缝或裂缝的处理应当先用涂料对底层进行涂刷，待固化后再铺设厚为 1mm、宽为 10cm 的橡胶条，随后方可涂布涂膜防水层。

第三节　地下混凝土防水施工

防水混凝土的定义是经各种技术处理，达到具有结构自防水目的，同时使工程结构本身的混凝土达到一定的密实性，从而实现防水功能的混凝土。

防水混凝土适用于抗渗等级不小于 P6 的地下混凝土结构，不适用于环境温度高于 80℃的地下工程。

本节主要介绍防水混凝土涉及的施工工艺：普通防水混凝土施工、大体积防水混凝土施工、防水混凝土冬期施工。

一、普通防水混凝土施工工艺

1. 基坑排水和垫层施工

在终凝前防水混凝土严禁被水浸泡，因为浸泡会影响它的正常硬化，导致强度和抗渗能力降低。所以，作业前需要做好基坑的排水工作。混凝土主体结构施工前，要做好基础垫层混凝土，使其确实起到防水辅助防线功能，保证主体结构施工的正常进行。其通常做法是，在基坑开挖后，铺设 300 ~ 400mm 厚的毛石做垫层，其上铺设约 50mm 厚、粒径为 25 ~ 40mm 的石子，石子经过夯实或碾压后，再浇灌 100mm 厚的 C15 混凝土作为找平层。

2. 模板支设

（1）模板要平整，拼缝要严密。模板要具备足够的刚度、强度，较小的吸水性，支撑要牢固，装拆要方便，最好为钢模、木模。

（2）一般情况下不宜用螺栓或铁丝贯穿混凝土墙固定模板，否则会沿缝隙渗水，如果条件允许，可以使用滑模施工。

（3）固定模板时，不得用铁丝穿过防水混凝土结构，否则混凝土内部会形成渗水通道。如果必须用对拉螺栓来固定模板，则在预埋套管或螺栓上至少应加焊（必须满焊）一个直径为 80 ~ 100mm 的止水环。如果止水环是满焊在预埋套管上的，拆模后要拔出螺栓，并用膨胀水泥砂浆封堵套管；如止水环是满焊在螺栓上的，在拆模后，则应将露出的防水混凝土螺栓两端多余的部分切除。

3. 钢筋施工

（1）严禁防水混凝土结构内部的各种钢筋或绑扎铁丝接触模板。用于固定模板的螺栓必须穿过防水混凝土结构时，可使用工具式螺栓或螺栓加堵头，且在螺栓上应加焊方形止水环。拆模后用密封材料对留下的凹槽进行封堵，密实后用聚合物水泥砂浆抹平。

（2）摆放垫块，留设钢筋保护层。其中钢筋保护层厚度要符合设计要求，不得存在负误差。通常情况下，迎水面防水混凝土的钢筋保护层厚度至少为35mm，若直接处于侵蚀性介质中时，不应小于50mm。

设置保护层，用同样配合比的细石混凝土或水泥砂浆制成垫块，将钢筋垫起，不得用钢筋垫钢筋，或将钢筋用铁钉、铅丝直接固定在模板上。

（3）架设铁马凳，钢筋和绑扎铁丝都能与模板接触；采用的铁马凳不能被取掉时，要在铁马凳上加焊止水环。

（4）混凝土拌制与运输。应采用机械对防水混凝土拌合物进行搅拌，搅拌时间不宜小于2min。掺外加剂时，搅拌时间由外加剂的技术要求确定。

混凝土在运输过程中，应注意防止产生离析及坍落度、含气量的损失，并要防止漏浆。拌好的混凝土必须立即用于浇筑，在常温下要在0.5h内运到现场，在初凝前完成浇筑。当运送距离远或气温较高时，可掺入缓凝型减水剂。浇筑前发生显著泌水离析现象时，将加入适量的原水灰比的水泥复拌均匀后，即可进行浇筑。

4. 混凝土浇筑

浇筑前，对模板内部进行清洁处理，木模用水湿润。浇筑时，如果入模自由高度超过了1.5m，那么混凝土的送入必须使用串筒、溜槽或溜管等辅助工具，否则会出现离析，导致石子滚落堆积，进而影响质量。

如遇防水混凝土结构中有密集管群穿过处、预埋件或钢筋稠密处、浇筑混凝土有困难时，则需采用相同抗渗等级的细石混凝土浇筑；如果要预埋大管径的套管或面积较大的金属板，则要在其底部开设浇筑振捣孔，这种做法便于排气、浇筑和振捣。

混凝土运输、浇筑及间歇的全部时间不得超过允许时间，如表6-1中的规定。如果超过允许时间，就必须留设施工缝。

表6-1　混凝土运输、浇筑及间歇的允许时间

混凝土强度等级	气温	
	不超过25℃	超过25℃
不超过C30	210min	180min
超过C30	180min	150min

防水混凝土应连续浇筑，宜少留施工缝。当留设施工缝时，不应留在剪力最大处或底板与侧墙的交接处，应留在高出底板表面不小于300mm的墙体上。拱（板）墙结合的水平施工缝适合留在拱（板）墙接缝线以下150～300mm的地方。若墙体有预留孔洞，施工缝距孔洞边缘不应低于300mm。垂直施工缝不能留设在地下水和裂隙水较多的地段，要与变形缝相结合。

5. 混凝土振捣

应采用混凝土振动器对防水混凝土进行振捣。当采用插入式混凝土

振动器时，插点之间距离不宜大于振动棒作用半径的1.5倍，振动棒与模板之间的距离，不宜大于其作用半径的一半。振动器插入下层混凝土的深度至少要有50mm，每一振点都要快插慢拔，振动器被拔出之后，要确保混凝土能够自然地填满插孔。当采用表面式混凝土振动器时，其移动间距应确保振动器的平板能覆盖已振实部分的边缘。混凝土一定要振捣密实，当混凝土表面呈现浮浆和不再沉落时，每一振点停止振捣。

振捣是保证混凝土密实性的重要施工工艺，浇灌时，一定要分层进行，并按顺序振捣。当采用插入式振捣器时，分层厚度不宜超过30cm；当用平板振捣器时，分层厚度不宜超过20cm。在下层混凝土初凝前，仍然要对上一层混凝土进行浇灌。一般情况下，分层浇灌的时间间隔不超过2h；气温在30℃以上时，不超过1h。当防水混凝土浇灌的高度超过规定的高度（至多为1.5m）时，必须采用串筒和溜槽，或侧壁开孔的办法浇捣。振捣时一定要用机械振捣，既不能漏振、欠振，也不能重振、多振。防水混凝土对密实度要求较高，振捣时间宜为10～30s，当混凝土开始泛浆和不冒气泡时停止振捣。在掺入引气型减水剂的情况下，要使用高频插入式振捣器振捣。振捣器的插入间距不得超过500mm，并贯入下层不小于50mm。这种做法的目的是确保防水混凝土的抗渗性和抗冻性。

6. 施工缝施工

（1）水平施工缝浇筑混凝土前，要将其表面清理干净，再铺设净浆或涂刷混凝土界面处理剂、水泥基渗透结晶型防水涂料等材料，然后铺30～50mm厚的水泥、砂配合比为1∶1的水泥砂浆，并应及时浇筑混凝土。

（2）垂直施工缝浇筑混凝土前，要将其表面清理干净，再涂刷混凝土界面处理剂或水泥基渗透结晶型防水涂料，并及时浇筑混凝土。

（3）遇水膨胀止水条（胶）要保证接缝表面密贴。

（4）选用的遇水膨胀止水条（胶）要具有缓胀性能，7d 的净膨胀率不宜超过最终膨胀率的 60%，最终膨胀率宜大于 220%。

（5）选用的中埋式止水带或预埋式注浆管要准确、固定牢靠。

7. 混凝土成品养护

防水混凝土终凝后要及时对其进行养护，环境温度为 10℃时，混凝土的养护抗渗性能最差，这时可以少浇些水。当养护温度从 10℃提高到 25℃时，混凝土抗渗压力要从 0.1MPa 提高到 1.5MPa 以上。需要注意的是，养护温度过高同样会导致混凝土抗渗能力降低。冬期采用蒸汽养护时最高温度不大于 50℃，养护时间必须达到 14d。

采用蒸汽养护法时，混凝土不宜直接喷射蒸汽，为避免早期脱水，混凝土结构必须保持一定的湿度。此外，还要采取措施排除冷凝水和防止结冰。蒸汽养护时，控制升温与降温的速度应符合下列规定。

升温速度：对表面系数［指结构的冷却表面积（m^2）与结构全部体积（m^3）的比值］小于 6 的结构而言，不宜超过 6℃ / h；对表面系数不低于 6 的结构而言，不宜超过 8℃ / h；恒温温度不能超过 50℃。

降温速度：最好不超过 5℃ / h。

二、大体积防水混凝土施工工艺

（1）在设计允许的情况下，掺粉煤灰混凝土设计强度等级的龄期以 60d 或 90d 为宜。

（2）水泥的选用以水化热低和凝结时间长为适宜标准。

（3）混凝土中宜掺入减水剂、缓凝剂等外加剂以及粉煤灰、磨细矿渣粉等掺和料。

（4）夏季施工时，要做好原材料温度、混凝土运输时吸收外界热量等降温工作，入模温度最大值为30℃。

（5）混凝土内部预埋管道，宜实施水冷散热。

（6）要做好保温、保湿养护工作。混凝土中心温度与表面温度的差值以不超过25℃为宜，表面温度与大气温度的差值不能超过20℃，温降梯度不能超过3℃/天，养护时间至少是14d。

三、防水混凝土冬期施工工艺

（1）防水混凝土冬期施工，水泥要选用普通硅酸盐水泥，施工时可在混凝土中掺入早强剂，原材料可采用预热法。

（2）严禁采用电热法养护。蓄热法适用于对厚度大的地下防水构筑物的养护，暖棚法和低温蒸汽适用于对地上薄壁防水构筑物的养护。

当采用暖棚法时，棚温应保持在5℃以上。

当采用低温蒸汽养护时，必须严格根据下列要求控制好升温和降温速度。

升温速度：对于表面系数小于6的结构，不宜超过6℃/h；对于表面系数不低于6的结构，不宜超过8℃/h；恒温温度不得超过50℃。

降温速度：以不高于5℃/h为宜。

采用蒸汽养护法时，混凝土上不宜直接喷射蒸汽，但混凝土的结构必须保持一定的湿度。

（3）采用蓄热法施工，对组成材料加热时，水温不得高于60℃，骨料温度不得高于40℃，混凝土出罐温度不得高于35℃，混凝土入模温度必须达到热工计算的要求。

（4）必须采取一定措施确保混凝土有一定的养护湿度。大体积防水混凝土工程以蓄热法施工时，要避免水化热过高，如果内外温差过大，混凝土的表面会开裂。混凝土浇筑完后应立即用湿草袋覆盖保湿，再覆盖干草袋或棉被加以保持温度，内外温差不能超过 25℃。

第四节　水泥砂浆防水层施工

一、水泥砂浆防水层构造做法

水泥砂浆防水层构造做法如图 6-5 所示。

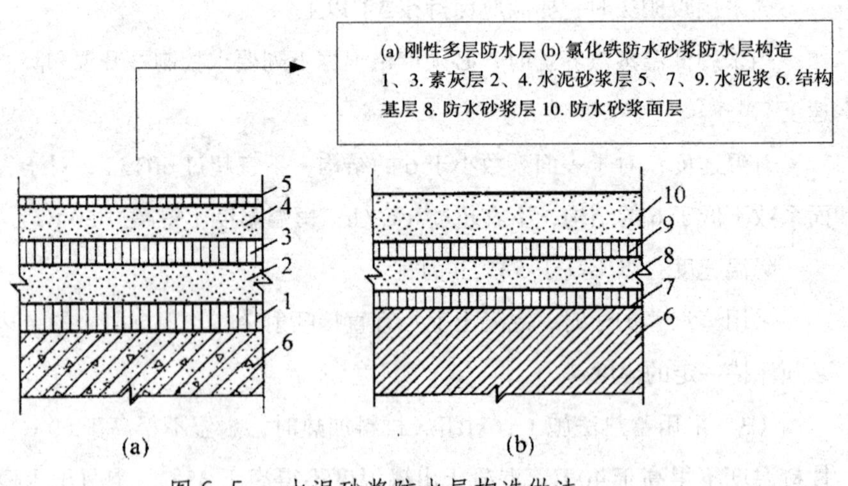

图 6-5　水泥砂浆防水层构造做法

二、普通水泥砂浆防水层施工

1. 基层处理

（1）混凝土基层处理。

①新建混凝土基层，拆模后应及时在混凝土表面用钢丝刷进行刷毛，并在表面进行涂抹前浇水冲刷洁净作业。

②补做旧混凝土工程的防水层时，应先对其表面进行凿毛处理，直至平整后再用水冲刷干净。

③处理混凝土结构的施工缝时，要沿着缝隙剔成八字形凹槽，浇水冲洗后，用素灰进行打底，然后用水泥砂浆压实抹平。

（2）砖砌体基层处理。

①将砖墙面残留的灰浆、污物清除干净，并充分浇水湿润。

②对于使用石灰砂浆及混合砂浆砌成的新砌体，应将砌体灰缝剔进10mm 深，且缝内呈直角，以使防水层和砌体的黏结力得到增强；对于水泥砂浆砌成的砌体、灰缝可以不进行剔除，但对于已经勾缝的则要剔除勾缝砂浆。

③对于旧砌体，需要用钢丝刷或剁斧将松酥表面和残渣清除干净，直至露出坚硬砖面，然后用水冲洗干净。

（3）毛石和料石砌体基层处理。

①其基层处理与混凝土及砖砌体相同。

②针对石灰砂浆或混合砂浆砌体，要将其灰缝剔成深 10mm 的沟槽，且呈直角。

③将表面凹凸不平的石砌体进行清理后，在基层表面做找平层。其具体做法为：先将水灰比为 0.5 左右的水泥浆在石砌体表面刷涂一道，约 1mm 厚，再涂抹 1∶2.5 的水泥砂浆，厚为 1 ~ 1.5cm，然后将表面扫

成毛面。如果一次无法找平，则需要间隔 2d 进行分次找平。

处理完基层后必须用水对其进行湿润，这是确保防水层与基层结合牢固、没有空鼓的重要条件。浇水要按照次序反复浇透，以便将灰浆涂抹其上后无吸水现象出现。

2. 设置防水层

防水层有两种，分为外抹面防水与内抹面防水。地下结构物除了需要对地下水的渗透情况进行考虑外，还应当注意地表水的渗透。因此，设置防水层时，其高度应当比室外地坪高出 150mm 以上。

3. 混凝土顶板和墙面防水层的施工

第一层：（素灰层 2mm 厚，水灰比为 0.37 ~ 0.4）先用水将混凝土基层湿润，然后涂抹一层厚 1mm 的素灰，并用铁抹子反复对其抹压 5 ~ 6 遍，使素灰将混凝土基层表面的缝隙填实，增加防水层和基层的黏结力。然后再涂抹 1mm 厚的素灰均匀找平，并沿着横向位置用毛刷轻轻地刷一遍，以便将毛细孔通路打乱，有利于与第二层结合。在其初凝期间做第二层。

第二层：（水泥砂浆层 4 ~ 5mm 厚，1∶2.5 的灰砂，水灰比为 0.6 ~ 0.65）轻轻抹压一遍初凝的素灰层，以使砂粒可以压入素灰层（但注意不可将素灰层压穿），便于两层间结合牢固。在水泥砂浆层初凝前，在砂浆层表面用扫帚扫成横向条纹，待终凝并具备一定强度后（通常隔一夜）进行第三层涂刷。

第三层：（素灰层 2mm 厚）其操作方法与第一层相同。如果在硬化过程中，水泥砂浆层将游离的氢氧化钙析出，从而导致白色薄膜形成时，需要将其刷洗干净，以免对黏结产生影响。

第四层：（水泥砂浆层 4 ~ 5mm 厚）依照第二层方法涂抹水泥

砂浆。水泥砂浆在硬化过程中，可以使用铁抹子分次对其抹压5 ~ 6遍，用以增加其密实性，最后再进行压光。

第五层：（水泥浆层1mm厚，水灰比为0.55 ~ 0.6）如果防水层在迎水面时，则需要在第四层将水泥砂浆抹压2遍，之后方可使用毛刷均匀地涂刷一道水泥浆，并随着第四层一起压光。

对混凝土顶板和墙面的防水层进行施工时，在通常情况下，迎水面选用“五层抹面法”，背水面选用“四层抹面法”，具体的操作方法见表6–2。四层抹面的做法与五层抹面的做法相同，只要将第五层的水泥浆层去掉即可。

表6–2　五层抹面法

层次	水灰比	厚度（mm）	操作要点	作用
第一层素灰层	0.4~0.5	5	(1)抹压两次，浇水将基层湿润后，先抹1mm厚的结合层，用铁抹子来回抹压5~6遍。使素灰将基层表面空隙填实，再在上面抹1mm厚素灰找平 (2)抹完后用湿毛刷横向轻轻刷一遍，以便将毛细孔通路打乱，增强和第二层的结合	防水层第一道防线
第二层水泥砂浆层	0.4~0.45	4~5	(1)当第一层素灰略微干燥，用手指按能进入1/4~1/2深时，再抹水泥砂浆层，抹时用力应适当，既要避免破坏素灰层，又要将砂浆层压入素砂层内1/4左右，以使一、二两层结合紧密 (2)在水泥砂浆初凝前后，用扫帚把砂浆层表面扫出横向的条纹	起骨架与保护素灰的作用

续表

第三层素灰层	0.37~0.4	2	(1)当第二层水泥砂浆凝固并有相当强度后(一般需24h),适当浇水湿润,便能进行第三层操作,方法与第一层同 (2)如果第二层水泥砂浆层在硬化过程中有游离的氢氧化钙析出并形成白色薄膜时,要刷洗干净	防水作用
第四层水泥砂浆层	0.4~0.45	4~5	(1)操作方法与第二层同,但抹后不必扫条纹,在砂浆凝固前后,用铁抹子分次抹压5~6遍,以增加密实性,最后压光 (2)每次抹压间隔时间要根据现场湿度、气温和通风条件来定,通常抹压前三遍的间隔时间是1~2h,最后由抹压到压光,夏季10~12h内完成,冬季14h内完成,以免因为砂浆凝固后的反复抹压而将表面的水泥结晶破坏掉,使强度变低,出现起砂现象	保护第三层素灰层与防水作用
第五层水泥浆层	0.55~0.6	1	在第四层水泥砂浆抹压两遍之后,用毛刷把水泥浆均匀涂刷一道,随第四层压光	防水作用

4.施工缝留槎

(1)平面留槎选用的是阶梯坡形槎,需要依层次顺序对其进行接槎,层层搭接要紧密。通常情况下,是在地面上设留接槎位置,也可以在墙面上设留接槎位置,但均需要距离阴阳角处200mm。如果在接槎位置继续施工,则需要用水泥浆在阶梯形槎面上均匀地涂刷一道,或是抹一道素灰,用以确保接头密实不漏水。

（2）基础面与墙面防水层的转角留槎如图 6-6 所示。

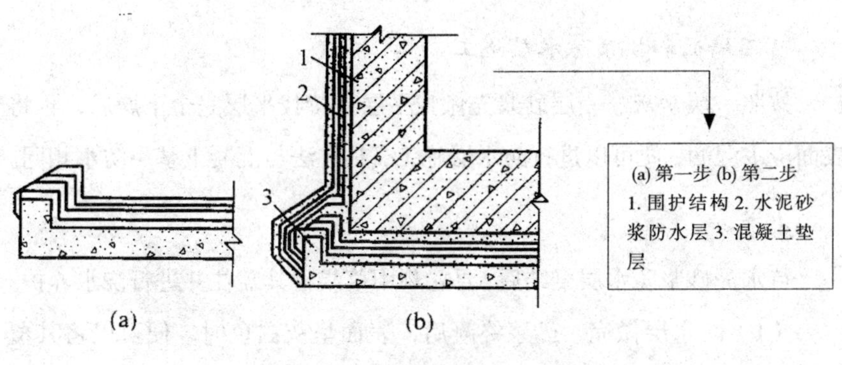

图 6-6　转角留槎示意图

5. 砖墙面防水层施工

砌筑砖墙面防水层过程中，除第一层外，其他各层的操作方法皆与混凝土墙面操作相同。首先要浇水使墙面湿润，然后在墙面上用泥浆涂刷一道，约为 1mm 厚，涂刷时，沿着水平方向反复涂刷 5 ~ 6 遍，且要保持均匀，灰缝处不可以遗漏。涂刷后，在水泥浆呈浆糊状时立刻抹第二层防水。

6. 混凝土地面防水层施工

混凝土地面防水层操作方法不同于顶板与墙面，主要原因在于素灰层（一、三层）采用的方法并非刮抹，而是在地面上倒上搅拌好的素灰，并用马连根刷反复用力均匀地涂刷。第二层与第四层的施工是在素灰初凝前后，在素灰层上均匀地铺上已拌好的水泥砂浆，并依照顶板与墙面施工的要求进行抹压，各层厚度也和防水层一样。施工时应当由里向外，尽量避免施工时对防水层进行踩踏。

如果需要在防水层表面做瓷砖或水磨石地面，可在对第四层进行

3 ~ 4 遍压光后，用毛刷对表面进行扫毛，待凝固后再进行装饰面层施工。

7. 石墙面和拱顶防水层施工

按照一层素灰、一层砂浆先做找平层，待找平层完全干燥后，再将表面浇水湿润，便可以进行防水层施工，其方法与混凝土基层防水相同。

8. 养护

待水泥砂浆防水层凝结后，要立刻用草袋将其盖住并进行浇水养护。

（1）防水层做完，砂浆终凝后，表面呈灰白色时，便可以将其覆盖并浇水养护。养护时先用喷壶缓缓地进行喷洒，一段时间后再使用水管浇水。

（2）养护时的温度适宜为大于或等于 5℃，养护的时间不可以小于 14d，夏天时应当将浇水次数增加，在中午最热时不适宜对其浇水养护，如果是比较容易风干的地方，应每隔 4h 进行一次浇水。养护期间覆盖物要尽量保持湿润。

（3）修筑防水层的工程中，严禁上人践踏，应在完成防水层养护后再进行其他工程施工，以免破坏防水层。地下室、地下沟道较为潮湿、且通风不良场合，可以不需要浇水养护。聚合物水泥防水砂浆还没有达到硬化状态时，不得对其浇水养护，或让其受雨水冲刷，待硬化后应当采用干湿交替的方法来进行养护。潮湿环境中可以在自然条件下养护。

三、阳离子氯丁胶乳水泥砂浆防水层施工

1. 配制阳离子氯丁胶乳水泥砂浆

（1）配制前应当对所用材料进行核检，要保证各种原材料符合标

准。依照工程的需求，应与试验相结合，以确定其砂浆配合比，特别是氯丁胶乳的掺量。

（2）如果使用人工进行搅拌，搅拌时应置于灰槽内或铁板上，切记不能直接置于土、砖或水泥地面上搅拌，以免氯丁胶乳先行失水、成膜过快，进而导致其稳定性破坏。

（3）在对胶乳砂浆进行搅拌的过程中，如果出现干结现象，不能随意加水，以免对胶乳的稳定性造成破坏，对砂浆的质量产生影响，这时应当补加配好的浮液，然后均匀地搅拌。

（4）由于氯丁胶乳极易凝聚，所以将氯丁胶乳水泥砂浆拌好后应当在 1h 内用完，可依据需要量随拌随用。

（5）配置氯丁胶乳水泥砂浆时应当交由专人负责，要注意安全，操作时要佩戴橡胶防护手套。

2. 基层处理

基层混凝土或砂浆应当保证坚固并具备一定的强度，通常要大于或等于设计强度的 70%。要保证基层表面的洁净，没有灰尘和油污等杂物，施工前适宜用水冲刷一遍。基层表面的缝隙和孔洞，或是穿墙管道的四周应当凿成 V 形（或环形）沟槽，并用阳离子氯丁胶乳水泥砂浆将其堵塞抹平。

3. 抹阳离子氯丁胶乳水泥砂浆

（1）将已经拌好的阳离子氯丁胶乳水泥砂浆抹压在基层上，且要顺着一个方向边抹边压，一次成活。

（2）通常，施工顺序是先立墙后地面，且立面要抹压 5 ~ 8mm 厚，平面要抹压 10 ~ 15mm 厚，如果需要留槎，应留阶梯坡形槎。

4. 做水泥砂浆保护层

当氯丁胶乳水泥砂浆经过一段时间（约 4h）达到初凝后，应当做水泥砂浆保护层。

四、有机硅水泥砂浆防水层施工

1. 配制有机硅水泥砂浆

（1）硅水应当按照配合比称好用料，再将其混合搅拌均匀，其用量不可随意增加，或变更配合比。

（2）素浆应当按照配合比备好用料，再在搅拌桶中放入水泥，并加水将其拌匀备用。

（3）砂浆应当按照配合比严格准确地称量材料，再在搅拌机中投入水泥和砂子进行干拌，直至色泽一致，再将定量的硅水加入其中搅拌 1 ~ 2min。

（4）配合比参考见表 6–3。

表 6–3　有机硅水泥砂浆配合比（质量比）

层次	硅水配合比	砂浆配合比
	有机硅防水剂：水	水泥：砂：硅水
结合层水泥素浆	1:7	1:0 :0.6
底层防水砂浆	1:8	1:2 :0.5
面层防水砂浆	1:9	1:2.5 :0.5

2. 基层处理

将基层表面凿毛后，用水将其冲洗干净。如果基层表面有凹凸不平、裂缝、孔洞等现象出现，则需要用 108 胶聚合物水泥浆或水泥砂浆对其进行修补，干燥后才可以进行施工。

3. 喷刷硅水

在已经处理过的基层上，先用硅水（防水剂 : 水 =1 : 7）喷刷 1 ~ 2 道，注意要满刷且均匀。

4. 抹水泥素浆

用硅水对其进行喷刷后，立刻用水泥素浆进行涂抹，厚度为 2 ~ 3mm，并边抹边压，以确保其能够和基层紧密结合。在素浆层达到初凝时，再铺设砂浆层。

5. 铺设砂浆层

施工前，先将阴阳角做好，再铺抹 5 ~ 6mm 厚的底层砂浆，边铺边抹压。对面层进行铺抹砂浆时，厚度约 15mm，方法与底层相同，只是初凝时应当压光。

五、掺外加剂水泥砂浆防水层施工

1. 无机铝盐防水砂浆施工

（1）施工时温度不得低于 5℃，且要等于或小于 35℃；雨天、烈日下不可施工。阴阳角应当做成圆弧形，通常阳角的半径是 10mm，阴角的半径是 50mm。在用无机铝盐防水剂前，一定要先加水将其混合均匀，再加水泥和砂搅拌均匀。用机械进行搅拌时，时间适宜范围是 2min。

（2）各工序间要严格衔接好，一定要在上一层未干燥或终凝时，立刻涂抹下一层，避免黏结不牢固，从而导致防水质量降低。大面积涂抹防水砂浆时，需要留置伸缩缝，间距为 100m^2 左右。并用防水油膏或其他嵌缝材料将伸缩缝进行填堵。施工缝必须留在伸缩缝位置。

（3）将基层表面的油垢、灰尘和杂物清理干净。然后对光滑的基层表面进行凿毛，麻面率要大于或等于 75%，再在基层上用水湿润。

（4）在已经处理好的基面上，用水泥防水剂素浆均匀地刷上一道来做结合层，用以提高防水砂浆和基层的黏结力，厚度约为 2mm。

（5）在结合层没有干之前，须立刻涂抹第一层防水砂浆做找平层，约 12mm 厚，然后用木抹在赶平压实后干搓出麻面。

（6）在找平层初凝后，需要立刻涂抹第二层防水砂浆，然后使用铁抹子往返将其压实赶平。

（7）在第二层防水砂浆终凝后，抹面层砂浆为 13mm 厚，可以分两次对其进行抹压。抹压前，先用防水净浆在底层砂浆上涂刷一道，边涂刷边涂抹面层砂浆，厚度要小于或等于 7mm，随后要立刻洒水养护，且每天均匀地洒水不低于 5 次，养护环境要保持潮湿，且至少养护 14d。自然养护温度宜大于或等于 5℃。最好不要选用蒸汽养护。

2. 氯化铁防水砂浆施工

防水层施工 8 ~ 12h 后应当用湿草袋覆盖其上进行养护，如果是夏季施工就应提前。24h 后应当定期浇水养护，且至少 14d。最好不要选用蒸汽养护，如果需要使用，升温控制应当在（6 ~ 8）℃ / h，且最高温度不超过 50℃。自然养护时温度不宜低于 5℃。

3. 硅酸钠防水砂浆施工

（1）将基层清理干净后，并用水进行充分湿润，随后用质量比为 1 : 2 : 0.5（水泥 : 砂 : 水）水泥砂浆分两层进行涂抹，每次涂抹 4mm 厚，共 8mm 厚。待第一次砂浆初凝后方可进行第二次涂抹，第二次抹完待砂浆初凝后使用木抹子揉擦一次即可。

（2）配制防水胶浆时要按照水泥、水和防水剂的质量比为 5 : 1.5 : 1

来进行。防水胶浆拌匀后，立刻在湿润垫层表面用铁抹子将其刮至其上，厚度为 2mm，以保证胶浆和垫层紧密结合。

（3）刮抹防水胶浆达 $1m^2$ 左右时，应当及时开始将质量比为 1∶2（水泥∶水）水泥砂浆刮抹其上（方法和第一道工序垫层涂抹相同）。

（4）防水胶浆施工和第二道工序涂抹防水胶浆相同。

（5）待防水胶浆刮抹超过 $1m^2$ 左右时，应当及时用铁抹子将质量比为 1∶2.5∶0.6（水泥∶砂∶水）的砂浆刮抹其上（操作方法和第一道工序垫层涂抹相同）。最后在表面用抹子压光。

4. 膨胀剂水泥砂浆防水层施工

（1）砂浆配制。

①应当按照所选水泥的品种、强度等级及工程要求，通过试配，用以确定配合比。

②依照选定的配合比来准确称量各种原材料。

③搅拌砂浆时，在搅拌机内依次放入水泥、砂、AWA-I 型抗裂防水剂并加水均匀搅拌。注意使用时不能将 AWA-I 先溶于水。

④参考配合比见表 6-4。

表 6-4　AWA-I 防水砂浆参考配合比

水泥强度等级	配合比				砂浆稠度（cm）	抗渗等级
	水泥	AWA-I	砂	水		
42.5	1	0.1	2.0	0.45	6~8	＞P8
52.5	1	0.1	2.0	0.45	6~8	＞P8

（2）防水层施工。

①施工时，先将基层清理干净，然后将素浆［水泥：AWA–I：水=1：0.1：（0.55 ~ 0.6）］涂抹其上，厚度为 2 ~ 3mm，待收浆后再涂抹 5 ~ 6mm 的防水砂浆。砂浆终凝前，再依照上述做法用素浆、砂浆各涂抹一道，等到最后一道砂浆收浆后再用铁抹子往返抹实压光。

②完成砂浆防水层施工后要湿润养护 24h，养护期不能少于 14d。

六、纤维聚合物水泥砂浆防水层施工

（1）基层必须保持坚固，并具备一定的强度。

（2）基层表面要保持粗糙、洁净，没有灰尘和油污，施工前需要用水冲刷干净。

（3）基层表面的平整度需要与规范要求相符合。

（4）基层表面如果出现缝隙或孔洞，应沿着缝隙和孔洞将其凿成 V 形沟槽，然后使用聚合物水泥砂浆找平。

（5）管道穿过处，应沿着管道四周凿出 20mm 宽、20mm 深的环形沟槽，沟槽内先嵌填 5 ~ 8mm 的聚氨酯嵌缝膏，然后再使用聚合物水泥砂浆找平。

（6）如果基层有孔洞或裂隙，且漏水严重者，应先将漏水处堵住，然后用纤维聚合物水泥砂浆进行涂抹。

（7）阴阳角处应做成圆弧形，依照规定要求留设施工缝。

（8）防水层抹面施工 12h 后，就可以喷水养护了，但施工温度大于或等于 5℃时，不可以浇水养护，应采取保温措施，或是采用蓄热法养护。

七、质量检验

（1）水泥砂浆防水层施工质量标准与检验方法见表 6–5。

表 6–5 主控项目质量标准与检验方法

序号	项目	质量标准	检验方法
1	水泥砂浆的原材料与配合比	符合设计规定	检查产品合格证、材料进场检验报告、计量措施及产品性能检测报告
2	防水砂浆的黏结强度与抗渗性能	符合设计规定	检查砂浆黏结强度、抗渗性能检验报告
3	水泥砂浆防水层和基层表面	水泥砂浆防水层与基层表面之间一定要结合牢固，无空鼓现象	观察或用小锤轻击检查

（2）水泥砂浆防水层施工质量标准与检验方法见表 6–6。

表 6–6 一般项目质量标准与检验方法

序号	项目	质量标准	检验方法
1	水泥砂浆防水层表面	密实、平整，不可出现麻面、起砂、裂纹等缺陷	观察检查
2	水泥砂浆防水层施工缝留槎位置	留搓位置要正确，接槎操作要按层次顺序，层层紧密搭接	观察检查、检查隐蔽工程验收记录
3	水泥砂浆防水层	平均厚度要符合设计要求，厚度最小也应达到设计值的 85%	针测法检查
4	水泥砂浆防水层表面平整度	水泥砂浆防水层表面平整度的允许偏差是 5mm	用 2m 靠尺与楔形塞尺检查

第五节　地下特殊工法防水施工

一、塑料防水板防水施工

1. 施工要求

（1）塑料防水板防水层的基面要保持平整，不能出现尖锐突出物；基面平整度 *D/L* 不应大于 1/6（注：*D* 为初期支护基面相邻两凸面间凹进去的深度；*L* 为初期支护基面相邻两凸面间的距离）。

（2）铺设塑料防水板前事先铺好缓冲层，然后用暗钉圈将缓冲层固定在基面上。

（3）塑料防水板防水层应牢固地固定在基面上，固定点的间距应根据基面平整情况确定，拱部以 0.5 ~ 0.8m 为宜，边墙以 1.0 ~ 1.5m 为宜，底部以 1.5 ~ 2.0m 为宜。局部凹凸较大的情况下，要在凹处加密固定点。

（4）接缝焊接时，塑料板的搭接层数不得超过三层。

（5）塑料防水板铺设时应少留或不留接头，如果留设接头，就要对接头进行保护。再次焊接时应将接头处的塑料防水板擦拭干净。

（6）铺设塑料防水板时，塑料防水板不能绷得太紧，应按基面的平整度留有充分的空间。

（7）防水板的铺设应超前混凝土施工，超前距离宜为 5 ~ 20m，并应设临时挡板，以防止机械损伤和电火花灼伤防水板。

（8）二次衬砌混凝土施工时应符合下列规定：

①绑扎、焊接钢筋时要做好防刺穿、灼伤防水板的工作。

②混凝土出料口和振捣器不得直接接触塑料防水板。

（9）塑料防水板防水层铺设结束后，经质量验收合格后即可进行下道工序的施工。

2. 铺设要求

塑料防水板的铺设应符合下列规定：

（1）铺设塑料防水板时，以拱顶向两侧展铺为宜，并应边铺边用压焊机将塑料板与暗钉圈焊接牢靠，禁止存在漏焊、假焊和焊穿现象。两幅塑料防水板的搭接宽度至少是 100mm。搭接缝应为热熔双焊缝，每条焊缝的有效宽度不应小于 10mm。

（2）环向铺设时，要先拱后墙，下部的防水板要压住上部的防水板。

（3）塑料防水板铺设时宜设置分区预埋注浆系统。

（4）分段设置塑料防水板防水层时，两端都要采取封闭措施。

二、金属板防水施工

1. 施工要求

（1）金属防水层适用于长期浸水、水压较大的水工及过水隧道，所用的金属板和焊条的规格及材料性能应符合设计要求。

（2）金属板的拼接焊缝要严密。竖向金属板的垂直接缝要相互错开。

（3）金属板防水层应用临时支撑加固。金属板防水层底板上应预留浇捣孔，并应保证混凝土浇筑密实，待底板混凝土浇筑完成后应补焊严密。

（4）金属板防水层应先焊成箱体，在整体吊装就位的情况下，必须在其内部加设临时支撑。

（5）金属板防水层应采取防锈措施。

2. 主体结构金属板防水层设置要求

（1）主体结构内侧设置金属防水层时，不仅可以将金属板与结构内的钢筋焊牢，还可在金属防水层上焊接一定数量的锚固件。

（2）主体结构外侧设置金属防水层时，金属板应焊在混凝土结构的预埋件上。金属板经焊缝检查合格后，用水泥砂浆对其与结构间的空隙进行浇灌嵌实。

三、地下工程种植顶板防水施工

1. 材料要求

地下工程种植顶板防水材料要与以下规定相符：

（1）绝热（保温）层要选用密度小、压缩强度大且吸水率低的绝热材料，严禁选用散状绝热材料。

（2）耐根穿刺层防水材料的选用应符合国家相关标准的规定或具有相关权威检测机构出具的材料性能检测报告。

（3）排（蓄）水层适合采用抗压强度大且耐久性好的塑料排水板、网状交织排水板或轻质陶粒等轻质材料。

2. 施工要求

（1）地下工程种植顶板结构应符合下列规定：

①种植顶板应为现浇防水混凝土，结构找坡，坡度以 1% ~ 2% 最为合适。

②种植顶板厚度至少是 250mm，裂缝的宽度最大值是 0.2mm，并且

不能贯通。

③种植顶板的结构荷载设计应按国家现行标准《种植屋面工程技术规程》（JGJ 155）的有关规定执行。

（2）绿化改造要求。

①已建地下工程顶板的绿化改造经结构验算合格后方能进行。

②种植顶板应根据原有结构体系合理布置绿化。

③当原有建筑不能满足绿化防水要求时，应重新进行防水处理。加设的绿化工程应在不破坏原有防水层及其保护层的基础上进行。

（3）细部构造。

①防水层下不得埋设水平管线。垂直穿越的管线应预埋套管，套管超过种植土的高度应大于150mm。

②变形缝是种植分区边界，禁止跨缝种植。

③种植顶板的泛水部位应采用现浇钢筋混凝土，泛水处防水层至少要高出种植土250mm。

④泛水部位、水落口及穿顶板管道四周宜设置200 ~ 300mm宽的卵石隔离带。

第七章　厨卫防水施工技术

第一节　节点施工

节点施工指的是立管、地漏及大便器的防水施工。而浴厕间防水施工的关键部位就是对于这些地方的防水施工，所以务必要认真细致。

一、施工工艺流程

清理、修整基层表面→涂刷结合层涂料→做节点增强层→根据设计遍数刷涂料→质量验收→做保护层

二、操作技巧

1. 基层表面清理、修整

基层中裂缝的修整是该项工作的重点，经验证明，该项工作做细致了，防水工作也就得到了基本保证。

2. 喷（刷）涂结合层

喷（刷）涂结合层的处理要薄而均匀，以确保涂料和基层的黏结牢固。

3. 节点增强处理

（1）立管。立管根部的防水做法如下。

①立管定位后，楼板周围的缝隙应当使用 1∶3 水泥砂浆堵严，缝隙在 20mm 以上时，适宜使用 C20 细石混凝土将其堵严。

②管根周围适宜做成凹槽，其尺寸是 15mm × 15mm，清理管根周围和凹槽内，并且必须做到干净、干燥。

③将密封材料挤压至凹槽内，随后用腻子刀用力将其刮压严实，以使其饱满、密实、没有气孔。为确保密封材料和管根周围的混凝土黏结牢固，应先在凹槽两侧和管根口四周用基层处理剂进行涂刷，然后用牛皮纸或其他背衬材料垫在凹槽底部。

④清除管道外壁 200mm 高范围内的灰浆及油垢杂质，并确保其干净，然后用基层处理剂进行涂刷，并依照设计规定对防水涂料进行涂刮。

此外，立管如果是热水管、暖气管时，则需要加设套管。这时，可以按照立管的具体尺寸加钢套管，套管为 200 ~ 400mm 高，管缝预留为 2 ~ 5mm。随后用建筑密封材料封严管缝，以确保套管超出地面约 200mm。

（2）地漏。地漏的防水做法如下。

①确定地漏立管的位置后，楼板周围的缝隙应当使用 1∶3 水泥砂浆堵严，缝隙在 20mm 以上时，适宜选用 C20 细石混凝土堵严。

②厕浴间找平层往地漏处找 2%坡度，找平层厚度在 30mm 以下时，

使用水泥混合砂浆找坡；在 30mm 以上时，使用水泥炉渣材料找坡。

③地漏上口周围使用 10mm × 15mm 密封材料进行封严，并在其上做涂膜防水层。

（3）大便器。大便器的防水做法如下。

①确定大便器立管的位置后，楼板周围的缝隙使用 1∶3 水泥砂浆堵严，缝隙在 20mm 以上时，适宜选用 C20 细石混凝土进行堵严、抹平。

②立管接口部位周围选用密封材料交圈封严，尺寸是 10mm × 10mm。随后在其上做防水层至管顶部。

③用沥青麻丝及水泥砂浆将大便器尾部进水位置和管接口封严，随后在外面做涂膜防水保护层。

4. 其他工作

完成节点施工后，要严格进行检查验收，经检查确认符合质量要求后，再进行地面防水施工。

第二节　厨卫地面防水层施工

一、聚氨酯防水涂料施工

1. 清理基层

将基层清扫干净，并应当确保基层找坡正确，能够顺畅地排水，且表面平整、坚实，无起灰、起壳、起砂和开裂等现象。在用基层处理剂进行涂刷前，表面应干燥。

2. 涂刷基层处理剂

施工时，将聚氨酯甲料、乙料和二甲苯按照1∶1.5 ∶1.5的比例进行配料，搅拌均匀后，将其涂刷在基层上。首先在阴阳角和管道根部均匀地涂刷一遍，随后再大面积涂刷，使用的材料用量为 0.15 ～ 0.20kg / m^2。

3. 涂刷附加层防水涂料

地漏、管道根部和阴阳角等为易渗漏处，应在这些地方用附加层防水涂料均匀地涂刷一遍。其配合比为甲料∶乙料 =1∶1.5。

4. 涂刮涂料

（1）按 1∶1.5 的比例将聚氨酯防水涂料甲料和乙料进行配料，然后用电动搅拌器对其搅拌 3 ～ 5min，随后用胶皮刮板均匀地涂刮一遍，该用料量为 0.8 ～ 1.0kg / m^2，且立面涂刮的高度要大于或等于 100mm。

（2）待第一遍涂料涂膜固化干燥后，要按照上述方法进行第二遍涂料刮涂。应与第一遍涂刮的方向相互垂直，且和第一遍的用量相同。

（3）待第二遍涂料固化后，再依照上述方法进行第三遍涂料涂刮，该用料量是 0.4 ～ 0.5kg / m^2。用聚氨酯涂料涂刮三遍后，其用料量总计为 2.5kg / m^2，防水层厚度应高于或等于 1.5mm。

5. 第一次蓄水试验

当防水层充分干燥后，便可以开始第一次蓄水试验。在蓄水试验 24h 后若没有渗漏情况就表示合格。

6. 稀撒砂粒

边用聚氨酯防水涂料对防水层表面进行涂刷边稀撒砂粒（砂粒不能有棱角），并及时将没有黏结的砂粒进行清扫回收。待砂粒黏结固化后，再做保护层。

7. 保护层施工

当防水层蓄水试验没有渗漏，且质检合格后，便可以做保护层施工，或粘贴陶瓷锦砖、地面砖等饰面层。

8. 第二次蓄水试验

待厕浴间装饰工程完全做好后，便可以进行第二次蓄水试验。该次试验是为了检验防水层完工后是不是会因水电或其他装饰工程而损坏。蓄水试验检查符合要求后，厕浴间的防水施工便完成了。

二、氯丁胶乳沥青防水涂料施工

氯丁胶乳沥青防水涂料，依照工程需要，防水层可以分为三种做法，分别是一布四涂、二布六涂，以及只涂三遍防水涂料。

1. 施工程序

以一布四涂为例，其施工步骤是：

将基层进行清理→用氯丁胶乳沥青水泥腻子满刮一遍→用涂料进行第一遍涂刷→进行细部构造增强层施工→用玻璃纤维布进行铺贴，并同时用涂料进行第二遍涂刷→用涂料进行第三遍涂刷→用涂料进行第四遍涂刷→进行蓄水试验→做饰面层→质量验收→进行第二次蓄水试验

2. 操作要点

（1）将基层进行清理。将基层上的浮灰和杂物清理干净。

（2）用氯丁胶乳沥青水泥腻子满刮一遍。将基层清理干净后，用氯丁胶乳沥青水泥腻子在上面满刮一遍。管道根部与转角处要进行厚刮，并将其抹平整。配置腻子的方法为：在水泥中倒入氯丁胶乳沥青防水涂料，边倒边对其进行搅拌，待其至稠浆糊状时，就可以在基层表面进行

涂刷了，涂刷腻子时厚度为 2 ~ 3mm。

（3）用涂料进行第一遍涂刷。待上述腻子干燥后，用氯丁胶乳沥青防水涂料（先在大桶中将其均匀搅拌，然后再倒进小桶中使用）在基层上满刷一遍。操作时以表面均匀、不流淌、不堆积为宜，不可以涂刷得过厚或漏刷。立面要按照设计高度进行涂刷。

（4）进行细部构造增强层施工。分别在阴阳角、管道根部、地漏、大便器等细部构造位置做一布二涂附加增强层，也就是依照相应部位的形状将玻璃纤维布（或无纺布）进行裁剪并铺贴其上，并用氯丁胶乳沥青防水涂料进行涂刷，涂刷时要贴实、刷平，不可以存在折皱、翘边现象。

（5）在玻璃纤维布进行铺贴同时用涂料进行第二遍涂刷。当附加增强层干燥后，依照相应尺寸将玻璃纤维布进行裁剪并铺贴在第一道涂膜上，然后在上面用防水涂料进行涂刷，使布纹网眼完全浸入涂料中并牢固地与第一道涂膜进行粘贴。搭接玻璃纤维布时其宽度不宜小于 100mm，并沿着流水方向接槎，从内部至门口进行铺贴，先做平面再做立面，立面要依照设计高度进行铺贴，并且需要在平面上留置平面与立面的搭接缝，最好距离立面边超过 200mm，收口部位要压实贴牢。

（6）用涂料进行第三遍涂刷。当上一遍涂料实干后（通常宜超过 24h），再用防水涂料进行第三遍满刷，并注意涂刷均匀。

（7）用涂料进行第四遍涂刷。待上一遍涂料干燥后，便可以用防水涂料进行第四遍满刷，如此一布四涂防水层施工便完成了。

（8）进行蓄水试验。防水层实干后，便可以进行第一次蓄水试验。蓄水 24h 没有渗漏水即为符合要求。

（9）做饰面层。蓄水试验符合要求后，可以按照设计要求及时在饰面层用水泥砂浆进行粉刷，或是用面砖进行铺贴等。

（10）进行第二次蓄水试验。此处方法和目的与聚氨酯防水涂料相同。

三、地面刚性防水层施工

厕浴间、厨房间使用刚性材料进行防水层施工的最适合的材料即为补偿收缩混凝土与补偿收缩水泥砂浆，这是由于其具有微膨胀性能。其中，补偿收缩水泥砂浆是用在厕浴间、厨房间的地面防水，而同一种微膨胀剂，要根据不同的防水部位，选用不同的加入量，并基本上达到不裂、不渗的防水效果。下面以 U 形混凝土膨胀剂（UEA）为例，对砂浆配制与施工方法进行介绍。

1. 材料及要求

（1）水泥：选择的是 32.5 强度等级或 42.5 强度等级的矿渣硅酸盐水泥或普通硅酸盐水泥。

（2）UEA：要求达到《混凝土膨胀剂》（GB23439—2009）的规定要求。

（3）砂子：中砂，含泥量不宜大于或等于 2%。

（4）水：饮用自来水或纯净、没有污染的水。

2. UEA 砂浆的配制

将 UEA 防水砂浆铺抹在楼板表面时，需要根据不同的部位，配置不同含量的 UEA 防水砂浆。不同部位的 UEA 防水砂浆的配合比见表 7–1。

表 7–1　不同防水部位 UEA 防水砂浆配合比

防水部位	厚度（mm）	C+UEA（kg）	UEA/C+UEA（%）	配合比			水灰比	稠度（cm）
				水泥	UEA	砂		
垫层	20~30	550	10	0.90	0.10	3.0	0.45~0.50	5~6
防水层（保护层）	15~20	700	10	0.90	0.10	3.0	0.40~0.45	5~6

续表

管件接缝	—	700	15	0.85	0.15	2.0	0.30~0.35	2~3

3. 防水层施工

（1）基层处理。施工前，将楼面板基层的浮灰、杂物清理干净，在凹凸不平处用 10% ~ 12% UEA（灰砂比为 1∶3）砂浆对其进行补平，并应当用水浇于基层表面，以使基层保持湿润，且不可以积水。

（2）铺抹垫层。在干净湿润的楼板基层上，铺抹依照 1∶3 水泥砂浆垫层配合比而配制出的灰砂比为 1∶3 的 UEA 垫层砂。铺抹前，按照坐便器的位置，在相应的位置上准确地预埋地脚螺栓。垫层为 20 ~ 30mm 厚，应分 2 ~ 3 层进行铺抹，每层应当揉浆、拍打密实，且垫层厚度要依照标高而定。在进行抹压时，同时找坡工作应当完成，地面朝向地漏口找坡为 2%，地漏口四周 50mm 范围内朝向地漏中心找坡为 5%，穿楼板管道根位置朝向地面找坡为 5%，转角墙位置的穿楼板管道朝向地面找坡为 5%。分层进行抹压后，用钢丝刷对垫层表面进行拉毛。

（3）铺抹防水层。在垫层强度达到能够进行人员站立时，首先将地面及墙面清扫干净，并浇水使之完全湿润，然后进行四层防水层铺抹，第一、三层使用的是 10% UEA 水泥素浆，第二、四层使用的是 10% ~ 12% UEA（水泥∶砂 =1∶2）水泥砂浆层。下面为具体铺抹方法：

第一层按照 1∶9 的配合比先准确称量 UEA 及水泥，将其均匀干拌，然后按照水灰比加水搅拌至稠浆状，随后便可用滚刷或毛刷进行涂抹，其厚度为 2 ~ 3mm。

第二层灰砂比是 1∶2，UEA 掺量占水泥质量的 10% ~ 12%，通常可以是 10%。待第一层素灰初凝后，便可进行铺抹，其厚度为 5 ~ 6mm，等到凝固 20 ~ 24h 后，可适当进行浇水湿润。

第三层掺入 10% UEA 水泥素浆层，其拌制的具体要求和涂抹厚度同第一层，初凝后，便可以进行第四层铺抹。

第四层 UEA 水泥砂浆的具体配合比与拌制方法以及铺抹厚度都和第二层相同。铺抹时应当分次使用铁抹子抹压 5 ~ 6 遍，以使防水层坚固密实，最后再用力将其抹压光滑，硬化 12 ~ 24h 后便可以浇水养护 3d。

上述四层施工，应当按照垫层的坡度要求来找坡，铺抹的操作方法同地下工程防水砂浆的施工方法。

（4）管道接缝防水处理。待防水层强度满足要求后，拆除捆绑在穿楼板处的模板条，且将缝隙处的乳渣和碎物清理干净，并按照节点防水做法的要求，将素灰浆与填充 UEA 掺量为 15% 的水泥 : 砂 =1 : 2 的管件接缝防水砂浆涂布其上，最后浇水养护 7d。蓄水期间，如果无渗漏现象，即为合格；如果有渗漏，要将渗漏部位找出，并及时进行修复。

（5）铺抹 UEA 砂浆保护层。保护层 UEA 的灰砂比是 1 :（2 ~ 2.5），掺量是 10% ~ 12%，水灰比是 0.4。铺抹前，对需要使用膨胀橡胶止水条进行防水处理的管道、预埋螺栓的根部和要用嵌填密封材料的地方做防水处理。然后便可以分层进行铺抹 UEA 水泥砂浆保护层，其厚度为 15 ~ 25mm，并按照坡度要求找坡，待硬化 12 ~ 24h 后，便可以浇水养护 3d。最后，按照设计要求进行装饰面层施工。